高等学校通用教材
“凡舟”教育基金资助出版

材料力学教学设计与案例研讨

李　敏　著

北京航空航天大学出版社

内容简介

本书基于经典教学内容，选择相关内容的内在关联、假设条件的适用范围、问题的物理本质/数学抽象三方面的若干问题，根据材料力学研究对象与研究方法的特点，对标学生能力培养体系的教学目标，引导学生全面思考与深入探究，培养“高阶性”思维模式，同时为基础力学青年教师在教学内容设计方面提供参考。

本书适用于希望提高材料力学相关课程专业教学水平的青年教师，期望加深理解材料力学内容、构筑知识结构的学生，以及找寻材料力学研讨内容、相关课程授课素材的专业教师。

图书在版编目(CIP)数据

材料力学教学设计与案例研讨 / 李敏著. -- 北京 ：北京航空航天大学出版社，2021.9

ISBN 978-7-5124-3593-3

Ⅰ. ①材… Ⅱ. ①李… Ⅲ. ①材料力学—教学设计—高等学校 Ⅳ. ①TB301

中国版本图书馆 CIP 数据核字(2021)第 173007 号

材料力学教学设计与案例研讨

李 敏 著

策划编辑 蔡 喆　责任编辑 蔡 喆

*

北京航空航天大学出版社出版发行

北京市海淀区学院路 37 号(邮编 100191)　http://www.buaapress.com.cn

发行部电话：(010)82317024　传真：(010)82328026

读者信箱：goodtextbook@126.com　邮购电话：(010)82316936

北京建宏印刷有限公司印装　各地书店经销

*

开本：710×1 000　1/16　印张：8　字数：170 千字

2021 年 11 月第 1 版　2021 年 11 月第 1 次印刷

ISBN 978-7-5124-3593-3　定价：39.00 元

若本书有倒页、脱页、缺页等印装质量问题，请与本社发行部联系调换。联系电话：(010)82317024

前 言

作为变形体力学的基础,“材料力学”属于高等院校工科机械大类的专业基础课程,相关教材众多,其中已有数本经典教材被国内外众多高校采用,尽管在内容上有些许差异,体系方法上遵循或混杂归纳法与演绎法,但作为常规教学用书,已完全能够满足教师与学生的基本需求。

随着计算机运算能力的提高与相关商业软件的成熟,相对于数学方程的解算能力,工程技术人员对于复杂系统工程问题的建模与简化能力,以及对分析结果正确性与准确性的判断能力已成为更为重要的方面。只有深刻理解问题的物理本质,才能对研究对象的特性有全面准确的把握,从而基于现有条件解决非常规任务。由此,探究问题机理本质的能力成为评价专业核心竞争力的重要指标,也是高等学校课程教学改革面临的新任务。

编写本教材的动机可总结为:第一,基于专业知识框架培养学生的思维模式;第二,基于课程内容设计培训讲授相关课程的青年教师。本书绪论中详细说明了本书的服务对象、基本逻辑与实现途径,此处不再赘述。

本书内容是作者在教学工作中的思考与体会,希望通过本书与相关课程,达到相互交流、共同提高的目的,书中若有不当之处,望读者不吝指出,联系方式:limin@buaa.edu.cn。

作 者

2021 年 6 月

前言

[illegible]

[illegible]

[illegible]

[illegible]

[illegible]

目　录

第1章　绪　论

1.1　服务对象与目的

作为变形体力学的基础,“材料力学”属于高等院校工科机械大类的专业基础课程,相关教材众多,其中已有数本经典教材被众多高校采用[1-6]。尽管在内容上有些许差异,体系方法上遵循或混杂归纳法与演绎法,但作为常规教学用书,已完全能够满足教师与学生的基本需求。

为了说明写作本教材的目的,首先给出本教材的服务对象,然后解释其中的逻辑关系。

本书内容主要服务于:

(1) 希望提高材料力学相关课程专业教学水平的青年教师;

(2) 期望加深理解材料力学内容、构筑知识结构的学生;

(3) 找寻材料力学研讨内容或相关课程授课素材的专业教师。

本书的编写目的如下:

(1) 提高青年教师专业教学水平;

(2) 辅助学生形成知识结构+训练思维模式;

(3) 提供研讨型教学的支撑素材。

对于最后一项针对教学方式的改进——提供部分研讨课程的补充素材,该目的容易理解无须解释。对于学生或者老师而言,其他两个目的所给出的愿景看起来很“美”,但是无论作为选择素材进行写作的作者,还是准备花费一定时间和精力去学习相关内容的读者,总会有一些问题或者疑惑,例如:作为学生,利用这些时间完全可以学习一门新的课程,是否有必要安排更多的时间和精力去学习一门基础课程的提高内容?即便这样做是有意义的,通过何种环节可以达到这样的目的?这是作者与读者都需要考虑的问题。

为了说明这个问题,请允许我把“镜头”拉得远一点,在更广阔的空间范围和更长的时间尺度审视高等学校的教育教学过程。

1.2　编写动机与逻辑

人才培养是高等学校的中心任务,既然谈到任务就一定有目标。世界上各大高校均采用“毕业生所具备的知识结构和能力体系”来表述培养目标,具体到文本描述,就是高校各专业的专业培养计划。

在专业培养计划的课程体系中，每一门课程均须支撑学生的知识结构与能力体系的部分指标。在具体的教学活动中老师和学生共同实施教学流程，完成培养目标。我们期望在教学活动中达成以下两个目标：

(1) 学生得到系统的专业知识学习＋全面的能力体系培训；

(2) 教师获得教学基本功训练＋课程内容系统深入的理解。

按中国古语，前者为“术”，后者为“道”，相对而言后者层次更高、更为重要。

针对学生培养，我们希望毕业生具备何种能力？美国 MIT 曾经给出了 7 大类 35 项能力体系(本章附表)，该表中的 7 大类项目很少涉及某一门课程或者某一个专业，甚至某一个学科的内容，该体系主要指明经过高等学校学习后，学生应该具备的重要能力，例如分析问题、解决问题的能力；如何简化建模；如何进行估计和定性分析，包括不确定性的问题；具备全方位思维的能力，包括确定主次和重点，以及解决问题时的妥协、判断和平衡；如何进行团队协作；如何进行书面与口头表达等。

对于教师而言，教学基本功是职业教师的基本技能，例如讲课的语速语调、PPT 制作与美化、板书安排与书写、课堂氛围调动、时间把控与对所讲内容的熟练程度等，目前各省市大量举办的青年教师教学比赛主要考核教师的教学基本功，评委多为大评委(非同一专业课程的教师)。但教师具备较强的教学基本功、丰富的经验并不等于教师对于课程内容与体系有深入的理解，而对课程内容与体系的深入理解反而是主动或者有意识培养学生能力的基础与关键。

为了说明其中的逻辑关系，我们从青年教师成长(见图 1.1)与学生学习(见图 1.2)的视角来观察教育教学的时间历程。

对于青年教师而言，开课初期首先关注需要讲述的基本内容，根据逻辑关系分出主次，确定重点，体会难易程度，设定难点。

(1) 绝大部分工科课程的具体讲述过程为先导入背景与问题，然后讲解主体内容，最后扩展到理论知识的工程应用。这是常规模式，也是站在教师视角考虑教学问题的一般性方式(见图 1.1 中前后箭头方向)。

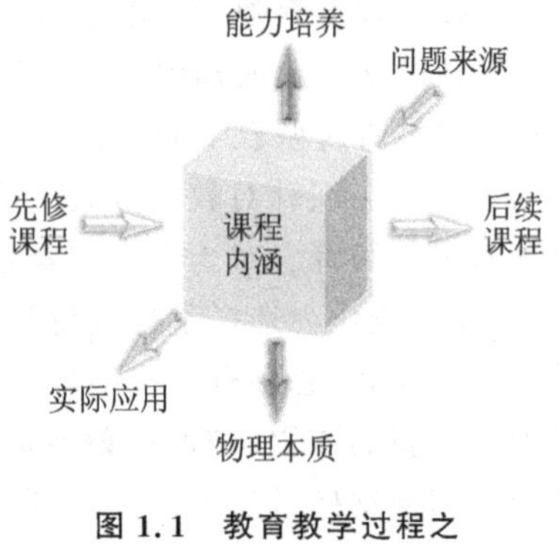

图 1.1 教育教学过程之青年教师成长视角

(2) 随着讲课轮次迭代中反馈的问题以及与学生的交流，教师将逐步了解学生的基础知识水平，也有部分教师进而查阅所教课程的先修课程和后续课程，并以此为依据，在课堂教学中界定讲述内容的“边界”，为后续的课程留好“接口”(见图 1.1 中左右箭头方向)。

(3) 如果老师具备较好的大类学科基础，学习过教育学基础知识并了解专业培养的目标，就可以在理解课程内涵与本质的基础上，有意识地培养学生的能力(见

图 1.1 中上下箭头方向)。

图 1.1 展示了该流程的空间结构，前后箭头方向是从教师完成教学任务的视角考虑问题；左右箭头方向是从服务学生的视角考虑问题；上下箭头方向是从培养学生能力的视角考虑问题，这是比较优秀的教育工作者的视角。

虽然教师在讲解专业知识时会涉及学生能力培养，但这往往是无意识的行为或者并不以此为目的，考虑了学生能力体系指标点的训练在授课内容的选择和时间分配上与仅考虑知识传授的模式必然有较大的差异。这种针对学生能力培养的课程内容设计，要求教师对课程内容的内涵有系统深入的理解，在此基础上参照能力指标点设计教学内容并实施。

以学生的视角观察学习过程(见图 1.2)，上课学习的大部分时间就是在接受教师讲授的一个又一个知识点。从学习效果衡量，仅有知识点的接触是不够的，学生需要在理解知识点的基础上形成自我感觉合理的知识点逻辑体系，到这种阶段学生才感觉自己是真正掌握了所学内容。

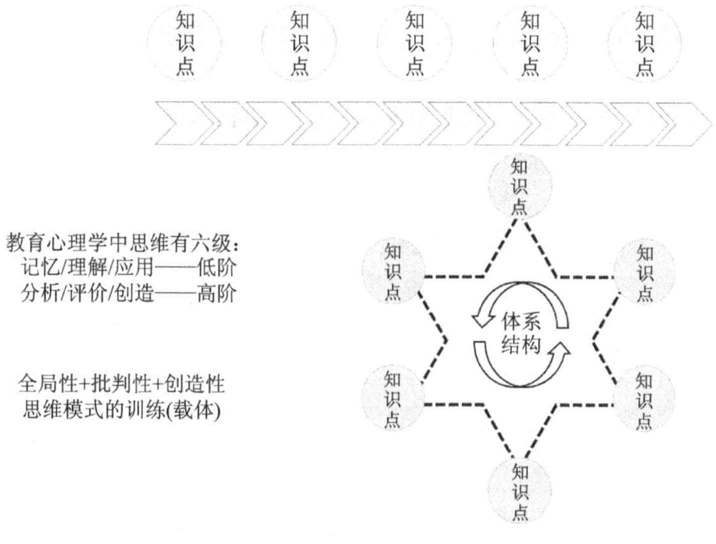

图 1.2　教育教学过程之学生学习视角

形成这种知识点逻辑体系需要学习者经历对所学内容的总结与归纳过程，按教育心理学理论，该过程实际上是一种思维模式的训练，例如所谓的全局性、批判性、创造性的思维模式训练，即所谓的高阶思维模式训练。2019—2020 年，我国教育部重点推动一流课程建设，也就是俗称的“金课”，其中提及的“两性一度”中的高阶性思维就是类似的思维。

辅助学生形成知识结构＋训练思维模式，需要通过“载体”或环节实施。事实上，习题的练习就是一种载体或者环节，只不过例题“仿制”的传统课后习题模式相对基础且局部，对于高阶思维的训练层次不够且效率较低。通过何种环节或载体可以比较高效地达成此目的呢？我认为可以通过特定教学内容的研讨达成以上目的，这是本书写作与素材选择的初衷。

综上所述，我期望通过本书内容的学习，引导教师深入理解材料力学的内涵，辅助学生形成比较完整的知识结构，进而构建学生的能力体系。

1.3 内容选择与依据

为了达成以上目的，本书选择了以下三方面的内容作为“载体”：

(1) 相关内容的内在关联；

(2) 假设条件的适用范围；

(3) 问题的物理本质或者数学抽象。

之所以选择这三方面内容，是基于我对材料力学课程特征的理解与教学体会(见图 1.3)。材料力学作为工科机械大类的专业基础课，其先修课程较少，即便图中列出了高等数学和理论力学，但是它们在内容上与材料力学的关联非常少；材料力学的后续课程比较多，这与材料力学所具有的一个特征有关，就是它首先引入了或者考虑了物体的变形，正是因为考虑了物体变形，在内容、方法和领域上其特征明显，我将其概括为：内容“新”、方法“简”、领域“广”：

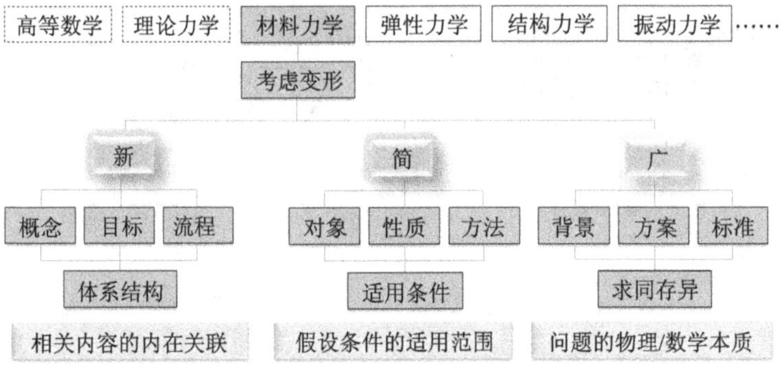

图 1.3　材料力学的特色与专题选择依据

(1) 在内容上：正是因为考虑了变形，所以就引入了内力、应力、应变等新概念；在目标上有安全性的三个指标——强度、刚度、稳定性；在流程上有强度校核流程、变形表征与计算模式以及稳定性分类标准。对于全新的内容，学生学习时形成自我理解的逻辑体系非常重要，而通过相关内容内在关联的分析以达成此目的是高效可行的途径。

(2) 在方法上：正是因为内容全新，所以研究对象与分析模式必须简单。材料力学的研究对象在几何上可简化为一维的杆件，结构力学的研究对象至少是杆系结构，而弹性力学主要针对二维的板和三维的体；在材料性质上，材料力学有连续、均匀、各向同性的假设；在时间域上，材料力学绝大部分问题均属于静态问题，而振动力学(结构动力学)需要扩展到动态范畴；在分析模式上最具特色，因为材料力学的分析过程建立在多种假设基础上，而弹性力学为了避免给出这些假设就有大量复杂的数学推导过程。正是因为在分析过程中基于假设对问题进行了简化，所以得到的结论一定有适用范围。明确适用范围及考虑不满足适用范围所带来的影响，这对于正确与准确应用基本理论解决实际问题非常重要。

(3) 在领域上：由于结构安全性涉及的工程领域非常广，所以材料力学基本理论在航空航天、机械工程、海洋工程，土木工程、交通运输，甚至地球物理、材料科学、电子通信等领域都有应用。在不同的领域内，问题的表述方式、解决问题的方法以及安全性判断的标准并非完全一致，所以掌握问题的物理本质或者数学抽象对于利用所学知识解决不同领域的问题非常关键。

在多年材料力学教学答疑与相关教学素材研究中，我选取与上述三个方面关系紧密的内容组成了本书的13个章节，为了保证阐述问题时主线逻辑的完整性，每个章节可能涉及常规教材的一个或多个章节，同时包括上述内容、方法与领域多方面，所以本书并未按照经典教材的归纳式或演绎法讲述顺序编排。在每个章节的介绍或小结部分中给出我对该类问题的思考或学习建议，同时对照学生能力培养体系的指标点(见表1.1)，便于老师和同学聚焦领域与定位问题。

表1.1 学生能力培养体系指标点

能 力	对应的指标点
1. 工程推理和解决问题的能力	1.1 发现问题和系统地表述问题 1.2 建模 1.3 估计与定性分析 1.4 带有不确定性的分析 1.5 解决方法和建议
2. 实验和发现知识	2.1 建立假设 2.2 查询印刷资料和电子文献 2.3 实验性的探索 2.4 假设检验与答辩
3. 系统思维	3.1 全方位思维 3.2 系统的显现和交互作用 3.3 确定主次与重点 3.4 解决问题时的妥协、判断和平衡

续表 1.1

能　力	对应的指标点
4. 个人能力和态度	4.1 主动性与愿意承担风险 4.2 执着与变通 4.3 创造性思维 4.4 批判性思维 4.5 了解个人的知识、能力和态度 4.6 求知欲和终身学习 4.7 时间和资源的管理
5. 职业能力和态度	5.1 职业道德、正直、责任感 5.2 职业行为 5.3 主动规划个人职业 5.4 与世界工程发展保持同步
6. 团队工作	6.1 组建有效的团队 6.2 团队工作运行 6.3 团队成长和演变 6.4 领导能力 6.5 形成技术团队 6.6 交流
7. 交流的策略	7.1 交流的结构 7.2 书面的交流 7.3 电子及多媒体交流 7.4 图表交流 7.5 口头表达和人际交流

1.4　使用建议与说明

本书可以作为研讨课教材、教师培训教材、教学参考书以及考研面试复习资料，具体而言，适用于材料力学类研讨性课程的研究性项目/高校材料力学课程青年教师的培训项目/已经学习过材料力学课程的学生复习与提高使用。

作为研讨与提高的内容，本书不设常规的练习环节，以概念性问题与开放性问题引导学习者开展思考，培养研究性学习的能力。如果将本书内容作为独立课程讲述，教师可根据教学内容并结合自身的研究领域，给出相应课后思考项目。

本书内容可以开设16～32学时的研讨性选修课，建议学生线上学习，线下课堂以学生讲解与共同讨论为主要模式，考核方式以课堂表现相互评价＋教师评价＋学习报告为主要模式。

以上建议仅供参考，读者可根据自身条件与环境使用本书内容。

关于本书素材的特征与使用，有以下几点说明：

(1) 本书立足于材料力学的基础性内容，换言之，本书所有内容都不"超纲"，基本不涉及其他课程领域，适合具备材料力学基础知识的教师与学生使用；

(2) 每个章节的内容相互独立，各自成体系，没有先后顺序的差异，读者可以按照自己的兴趣自由学习；

(3) 章节内容的编排与逻辑关系按照课堂教学环节进行设计，便于直接转化为教学讲授模式；

(4) 本书内容以研讨问题为主线，公式推导少且大多通过引用教材中的公式来说明问题，理论推演起点低，适合学生自学并展开思考。

第2章　材料力学中应力与应变的名称与正负规定

简要说明：材料力学作为变形体力学的基础课程，首先引入了与之相关的概念与名称，例如变形(拉压、扭转、弯曲、剪切)、内力(轴力、扭矩、弯矩、剪力)、应力与应变等，其中绝大部分名称没有歧义，但也有个别名称及定义在不同的教材或者教师讲述过程中出现多种含义。本章以应力与应变为例，从基本概念与体系规则方面讨论其中的异同和原因，一方面便于教师授课时使用规范的名称，另一方面加深概念理解、展示常规教材各章节相关内容的联系。

2.1　目的与意义

材料力学主要研究构件在外力作用下受力、变形、破坏或失效的规律，主体内容围绕内力、变形、应力与应变展开。由于材料力学课程的基础性与广泛性，国内存在众多版本的材料力学教材，其中在基本概念的名称与符号(本章中特指正负号，非希腊字母，下同)方面存在差异，加上部分教师对该问题的背景了解不全面，容易在授课或答疑时给学生造成误解。本章依据定义对象的物理背景，讨论应力和应变的名称与符号系统。

事实上，绝大部分教师对于应力与应变的数学定义并无歧义，只是名称上“各自为政”：在应力的名称中出现了正应力、剪应力与切应力；在应变的名称中出现了线应变、正应变、剪应变、切应变与角应变等[1-4]。这种现象一方面与教材编写中内容顺序与规范问题相关，另一方面与编写者的专业背景密切相关。

在应力与应变的正负规定上，材料力学与后续的力学课程，例如弹性力学、结构力学、塑性力学、振动力学、冲击动力学等不完全一致，由于材料力学是变形体力学的基础课程，故这种不一致容易使学生在后续课程学习时陷入混乱。

为了厘清其中的关系，下面分别针对名称与正负规定进行辨析，便于学生系统掌握基本概念并构建知识框架。

2.2　应力与应变的名称

尽管材料力学教材的基本内容大部分来自于西方，但在基本变形模式(与相应内力)的中文称谓方面并无乱象：轴向拉压(轴力)、扭转(扭矩)、弯曲(弯矩)、剪切(剪力)均出自于对物理现象——变形的描述与关联，这些名称直观形象，因此被广泛接受(旧版教材中均涉及四种基本变形模式,目前的新版教材中多将剪切并入连接件强度分析,剪力与弯矩均包含在弯曲模式中,所以只有三种基本变形模式)。但在定义应力与应变时,由于涉及模型与方法,故同一外文单词在翻译后会出现差异。

为了辨析应力与应变的差异,首先来回顾一下应力的定义和引入过程。

2.2.1　应力的名称

材料力学教材中应力的定义往往出现在绪论部分,在形式上非常统一,物体内部任意剖面上 M 点应力的定义为

$$p=\lim_{\Delta A\to 0}\frac{\Delta F}{\Delta A} \tag{2.1}$$

$$\sigma=\lim_{\Delta A\to 0}\frac{\Delta F_{\mathrm{N}}}{\Delta A} \tag{2.2}$$

$$\tau=\lim_{\Delta A\to 0}\frac{\Delta F_{\mathrm{S}}}{\Delta A} \tag{2.3}$$

式中,ΔA 是 M 点的微小邻域,其上作用有内力 ΔF(见图 2.1),$\Delta F/\Delta A$ 称为 ΔA 上的平均应力,当 $\Delta A\to 0$ 时,其极限值称为 M 点的应力,此为式(2.1)的含义。如果把 ΔF 分解至 ΔA 的法向与切向,获得作用面的法向分量 ΔF_{N} 与切向分量 ΔF_{S},将式(2.2)中法向分量定义的内力集度 σ 称为正应力并无混乱,但式(2.3)中切向分量对应的内力集度 τ 有剪应力与切应力两种名称。

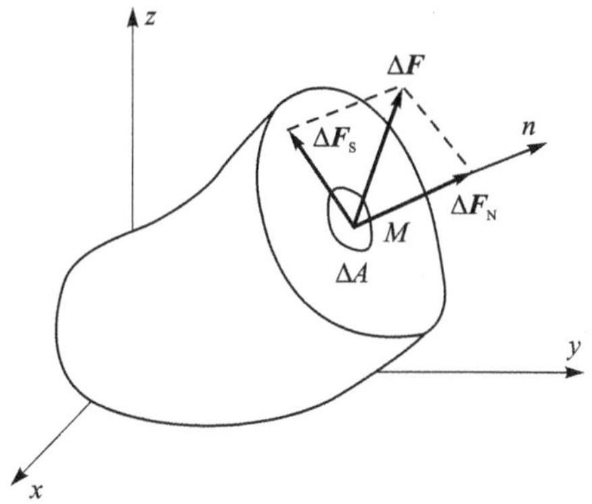

图 2.1　应力定义示意图

根据式(2.2)与式(2.3)的物理背景,区分两种应力的标准是 ΔF_{N} 与 ΔF_{S} 的方向,前者沿作用面 ΔA 的法向,后者沿作用面切向。与前述的拉压、扭转、弯曲、剪切等关联变形模式的称谓不同,此处应力的定义与变形模式无关,所以使用与剪切变形模式相关的“剪切”导出剪应力,用于描述 τ 不准确。事实上,在扭转、弯曲基本变形模式中,横截面上也存在 τ,甚至拉压变形模式中斜截面上也存在 τ。

由于应力的定义并不依赖于特定变形模式,故采用变形模式的名称直接关联应

力名称并不合适，而切应力的名称体现了对应内力分量（或者应力分量）与作用面之间的关系，因此相对而言比较贴切。

早期教材中均使用剪应力的名称，其主要原因可能在于该应力的英文 shear stress 与剪切变形的英文 shear deformation 采用了同一单词[5,6]。《中华人民共和国国家标准：力学的量和单位（GB 3102.3—1993）》中规定的标准名称为切应力，这也是后期新编教材（包括改版教材）多采用切应力的原因。

2.2.2 应变的名称

相对于应力定义中出现的单一剖面模型，应变定义中有多种模型：一维、二维与三维（见图 2.2 至图 2.4 ），因此不同的教材或者同一本教材的不同章节采用不同的模型，并给出不同的名称。

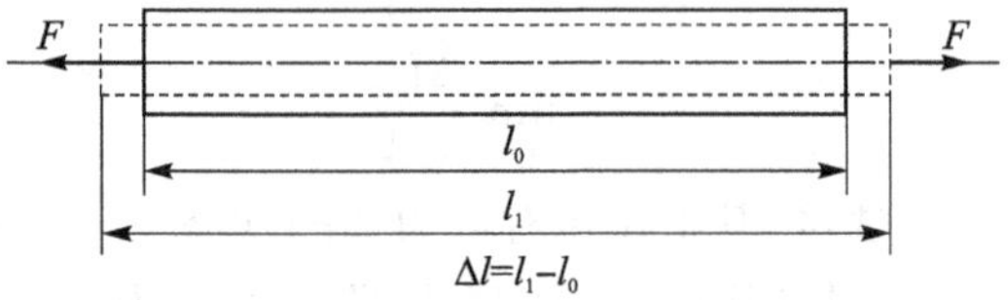

图 2.2 应变定义的一维模型示意图

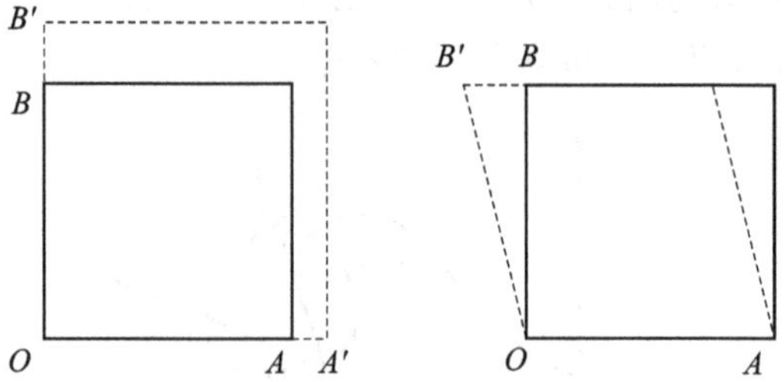

图 2.3 应变定义的二维模型示意图

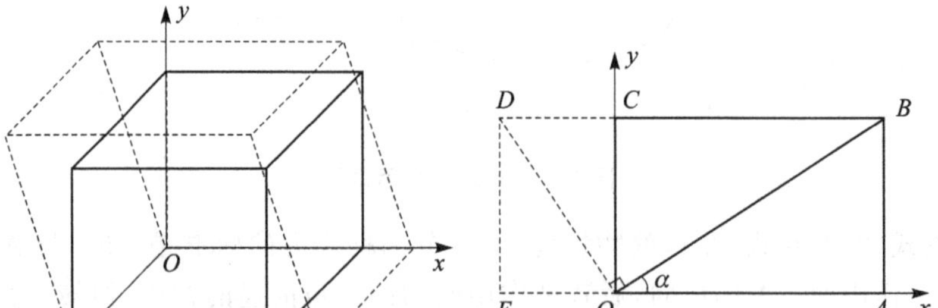

图 2.4 应变定义的三维模型示意图

长度的改变往往使用一维（见图 2.2）或二维（见图 2.3 左）图像，其对象均为线段，由此定义的长度变化集度被称为线应变既形象又合理（在一维情况下还细分为拉应变与压应变的定义；另外其定义式的数学含义表征线性部分）。同样的原因，如果使用二维模型（见图 2.3 右）引入形状改变的表征，将定义的直角改变量大小称为角应变也很自然。如果对照应力的模式则称为正应变与切应变，则应该关联三维微元体（见图 2.4，右图为平面应变状态下平行于 xOy 截面的简化分析模型），因为在三维模型下才有面的法向位移与切向位移，由法向位移定义的应变称为正应变，由切向位移定义的应变称为切应变。

作为变形体力学的基础课程，材料力学首次向学生展示了变形体概念，物体的变形使用尺寸的变化与形状的改变表征。针对三维微体，其尺寸的变化常常使用三方向互相垂直的线段的变化表征，每个方向均为线段长度变化，而线应变是线段尺寸变化集度的表征；除尺寸的变化外，三维微体形状改变常常使用原始互相垂直表面的歪斜程度来衡量，这种变化就是互垂线段的直角改变量。

从常规习惯上，如果在应力名称上使用正应力与切应力，则其直接对应的结果应该是正应变与切应变。但目前国内经典材料力学教材中有的使用线应变[1,2]，有的使用正应变[3]，还有教材混合使用正应变与线应变[4]，其他力学教材如经典弹性力学教材使用线应变[7]，工程力学教材使用正应变[8]。国外绝大部分经典教材使用正应变（normal strain）和切应变（shear strain），包括相关工程手册[5,6,9,10]。

上面提及的力学量有国家标准——《中华人民共和国国家标准：力学的量和单位（GB 3102.3－1993）》，其中规定的应变名称为线应变（linear strain）与切应变（shear strain）。线应变的定义式为 $\varepsilon=\Delta l/l_0$，式中 l_0 是指定参考状态下的长度，Δl 是长度增量；切应变的定义式为 $\gamma=\Delta x/d$，式中 Δx 是厚度为 d 的薄层上表面对下表面的平行位移。

从数学定义上来看，几乎所有教材均不完全符合国家标准的定义方法，特别是切应变定义方法。事实上，国家标准中线应变与切应变的定义方法偏宏观与近似计算，而非概念表述。

纵观目前国内外教材的现状，短期之内将应变的名称与定义完全统一至国家标准是不现实的。但从教学角度出发，教师了解名称与定义的出处与相互关系是有益的。

2.3　应力与应变的符号规定

大多数经典力学教材采用弹性力学符号体系（正负号规定，下同），为了说明材料力学符号体系的特点，先列出弹性力学的符号规定与对应图像。

2.3.1　弹性力学符号体系

弹性力学教材中规定应力正负的方法可以简单概括为“正面正向与负面负向为

正，反之为负”，此规定对于正应力与切应力均适用。

在弹性力学教材中，较为常见的微体应力状态如图 2.5 所示（图中左侧为可视面应力分布，右侧为隐藏面应力分布，该图表征应力状态，所以左侧与右侧应力没有增量项），应力 σ_{ij} 下标中 i 表示应力作用面，j 表示应力方向。应力作用面外法向矢量方向与坐标系正向一致为正面，否则为负面。由此规定可知图 2.5 中无论正面与负面，其上标出应力的符号均为正。对于无限小的微体而言，由此规定获得应力张量满足张量运算法则，与微体力平衡一致，特别是在描述切应力互等时，微体中相关 4 个面的切应力不仅数量相等，符号也都相同，即

$$\sigma_{ij}=\sigma_{ji}(\text{或者 } \tau_{ij}=\tau_{ji}) \tag{2.4}$$

为了后续说明的简洁并与材料力学教材中应力应变状态分析相对应，图 2.6 给出了平面应力状态下的应力表达（图 2.6 中左侧为微体应力分布，右侧为平面示意图，图中为了与材料力学教材一致，使用 τ 表示切应力），同样图中正面与负面的应力符号均为正。

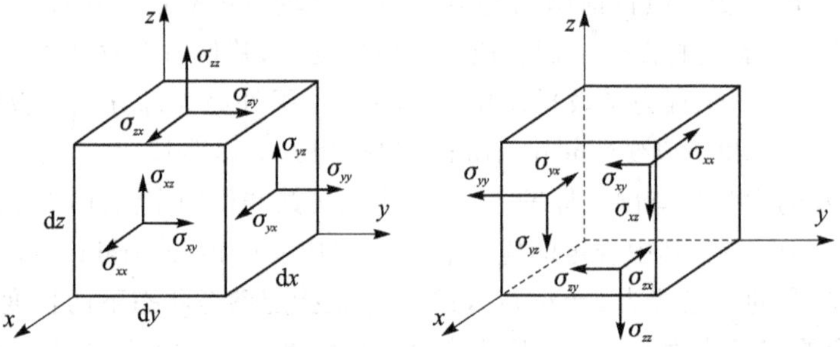

图 2.5　应力符号规定与三维微体示意图

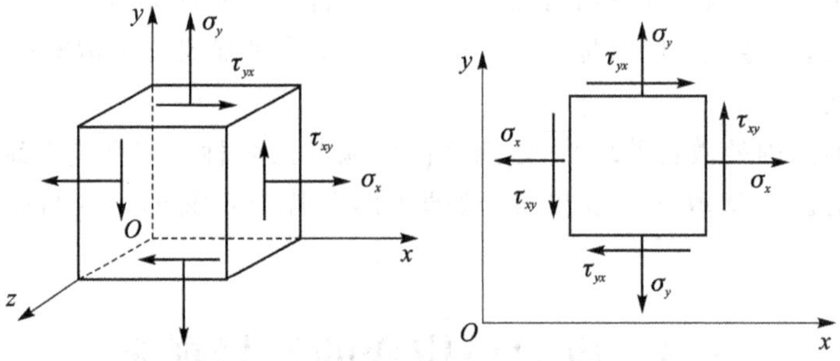

图 2.6　平面应力状态下应力符号定义示意图

正应变的符号跟随变形的符号，即正面正向移动与负面负向移动为正，反之为负。这里着重讨论切应变，纯剪切状态对应的微体变形与应变定义如图 2.7 所示（图 2.7 左侧为微体变形，右侧为对应的切应变定义示意图），切应变 γ_{xy} 的数学定义为

$$\gamma_{xy}=\gamma_{yx}=\gamma'+\gamma''=\frac{\delta x}{\Delta x}+\frac{\delta y}{\Delta y}=2\varepsilon_{xy} \tag{2.5}$$

其中，γ_{ij} 就是材料力学中的切应变(在弹性力学中称为工程切应变)；而 ε_{ij} 是弹性力学中的应变，当 $i\neq j$ 时就是切应变。因为 δx 与 δy 为正，所以尽管 γ'与 γ''分别对应顺时针与逆时针转动的角度变化量，但此图中 γ'与 γ''均为正。

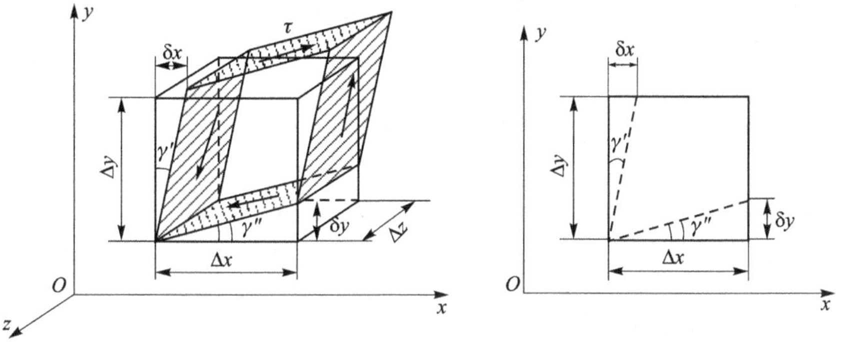

图 2.7　纯剪切应力状态下切应变与符号定义示意图

在 Timoshenko 经典教材中有如下的描述：Shear strain in an element is positive when the angle between two positive (or two negative) faces is reduced. The strain is negative when the angle between two positive (or two negative) faces is increased. 简言之，两正面或两负面夹角减少时切应变为正，否则为负。

2.3.2　材料力学符号体系

为了使表达简洁并符合大部分材料力学教材的模式，此处仅给出微体应力与应变的平面图形，如图 2.8 所示(讲述广义 Hooke 定律时出现的图形)，图 2.8(a)所示为平面应力分布，(b)与(c)所示为对应的应力分解与变形。

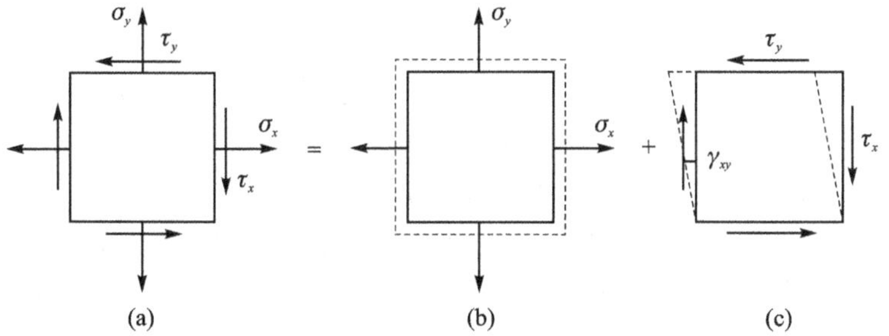

图 2.8　平面应力状态下应力与变形示意图

在材料力学教材中应力的符号定义为：正应力拉正压负；切应力以使微体顺时针转动为正，逆时针转动为负。图 2.8 中各面的正应力全为正，x 面的切应力为正，y 面的切应力为负。

与之对应的应变符号定义为：正应变对应伸长为正，缩短为负；切应变以直角变大为正，减小为负。图 2.8 中各面正应变为正，微体切应变以左下角直角（或右上角直角）的变化表征，直角变大表示该点的切应变为正，也有教材描述为两正面（或两负面）直角变大为正。

事实上，在材料力学符号体系中其正负的定义与坐标系并无直接关联。

对比图 2.6～图 2.8 可以发现，由弹性力学定义的应力与应变符号体系中，正应力与正应变的符号与材料力学符号完全相同，但是切应力与切应变符号不同：

(1) 在弹性力学体系中，切应力符号遵循正面正向与负面负向为正，反之为负（图 2.6 中各面切应力均为正）；切应变以直角变小为正。

(2) 在材料力学体系中，切应力以企图使微体顺时针转动为正，逆时针转动为负（图 2.6 中 x 面的切应力为负）；切应变以直角变大为正。

由此引出的问题是：人们为什么在材料力学中采用此种特殊的符号规定？

2.3.3 符号差异的原因与转换

材料力学课程中提及的符号体系始于截面法求内力，其不依赖于坐标系的符号规定，意在协调两个分离体同一假想截面上的内力符号。仅就该作用而言，使用弹性力学正面正向负面负向的符号规定可以获得同样的效果，时至今日仍然采用其特殊规定的原因在于应力圆作图的要求。

在材料力学发展史上，德国科学家同时也是优秀的工程师库尔曼（K. Culmann）与摩尔（O. Mohr）在图解法方面做出了卓越贡献[11]：库尔曼在 1866 年出版的《图解静力学》中证明了二维系统中物体中一点的二向应力状态可用平面上的一个圆表示，这样可使问题的分析大为简化。摩尔对应力圆做了进一步的研究，他在 1882 年出版的《土木工程》中给出了借助应力圆确定一点应力状态的几何方法，于是后人就称应力圆为摩尔应力圆，简称摩尔圆。图 2.9 所示为材料力学教材中应力应变状态分析部分的应力圆常见图样。

从图 2.9 可以看出一个简单的事实：无论 x 面与 y 面的应力如何分布，弹性力学中的符号体系不便于直接对应应力圆——图 2.9 中 D 点（对应 x 面）与 E 点（对应 y 面）的切应力必须反号，如果采用弹性力学的符号规定，根据切应力互等，x 面与 y 面的切应力或者全部为正，或者全部为负，符号不可能相反。

目前采用弹性力学符号体系的材料力学教材在讲述该部分时，尽管仍然可以获得应力圆形式的数学方程，但在几何图像的对应关系上不直观。为了基本符合应力圆对应关系的原始描述，需要重新改用材料力学符号体系，或者采用符号转换规则。

如果采用符号转换，有以下两种常见方法：

(1) 应力圆坐标系中横坐标（正应力 σ）向右为正，纵坐标（切应力 τ）向下为正；x 面切应力保持正面正向负面负向为正的模式，但 y 面切应力转为正面正向负面负向为负；应力圆中方位角 2α 与单元体中方位角 α 同向，均以逆时针为正。

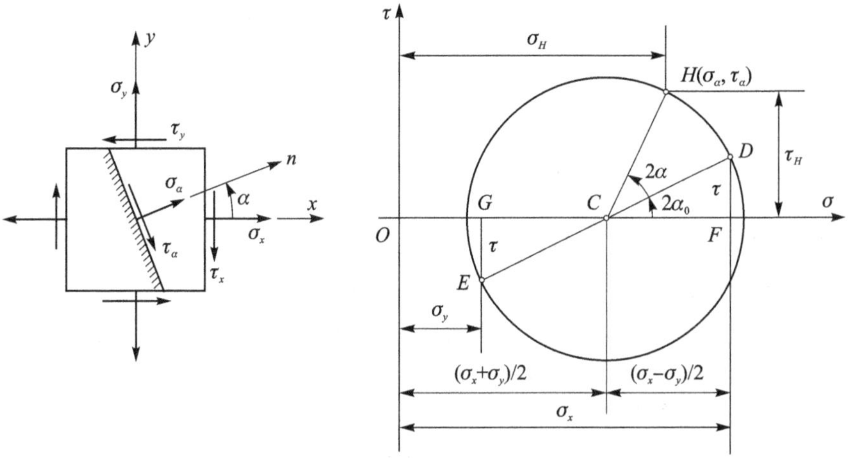

图 2.9　平面应力状态下应力圆示意图

(2) 应力圆坐标系中横坐标(正应力 σ)向右为正,纵坐标(切应力 τ)向上为正;x 面切应力转为正面正向负面负向为负,y 面切应力保持正面正向负面负向为正;应力圆中方位角 2α 与单元体中方位角 α 反向,后者逆时针转动对应前者顺时针转动。

无论采用哪种方法,在应力圆互相垂直的两面中总有一面不能采用弹性力学符号体系,第一种方法尽管纵坐标向下为正,但应力圆中方位角与单元体中方位角同向,这种对应关系比较直观,所以相对而言采用第一种转换方法的教材较多。

除了应力圆的绘制与对应关系,如果采用弹性力学符号体系,在应力转轴公式(或应变转轴公式)的图像理解上与材料力学符号体系不同,下面以应力转轴公式为例说明。

采用材料力学符号体系,在图 2.9 所示应力分布下,α 面(x 轴正向逆时针转动 α 角)应力为

$$\sigma_\alpha = \frac{\sigma_x + \sigma_y}{2} + \frac{\sigma_x - \sigma_y}{2}\cos 2\alpha - \tau_{xy}\sin 2\alpha \tag{2.6}$$

$$\tau_\alpha = \frac{\sigma_x - \sigma_y}{2}\sin 2\alpha + \tau_{xy}\cos 2\alpha \tag{2.7}$$

按照材料力学转轴公式的物理解释,式(2.6)与式(2.7)表示平面应力状态下某一点应力不同方位的正应力与切应力分量。由此可以解释计算结果,例如,当 $\alpha = 0°$,$\sigma_{0°} = \sigma_x$,$\tau_{0°} = \tau_{xy}$ 就是 x 面的应力情况;当 $\alpha = 90°$,$\sigma_{90°} = \sigma_y$,$\tau_{90°} = -\tau_{xy}$ 就是 y 面的应力情况,其中切应力前的负号表示 y 面的切应力具有使微体逆时针转动的趋势。对照图 2.9,按照材料力学应力圆的表述,解析公式与图像完全符合。

采用弹性力学符号体系,在图 2.6 所示的应力分布下(注意 x 面与 y 面的切应力全为正),α 面应力表达式为

$$\sigma_{\alpha}=\frac{\sigma_x+\sigma_y}{2}+\frac{\sigma_x-\sigma_y}{2}\cos 2\alpha+\tau_{xy}\sin 2\alpha \tag{2.8}$$

$$\tau_{\alpha}=-\frac{\sigma_x-\sigma_y}{2}\sin 2\alpha+\tau_{xy}\cos 2\alpha \tag{2.9}$$

根据式(2.8)与式(2.9),同样考查两个方位：$\alpha=0°$,$\sigma_{0°}=\sigma_x$,$\tau_{0°}=\tau_{xy}$;$\alpha=90°$,$\sigma_{90°}=\sigma_y$,$\tau_{90°}=-\tau_{xy}$。0°方位的结果与 x 面一致,90°方位的正应力与 y 面一致,但切应力与 y 面反号,该结果对照图 2.6 不易理解。

理解该问题应回归弹性力学符号体系的基础：弹性力学符号体系依赖坐标系的定义,此处应力转轴公式的物理含义解释为应力在不同坐标系下分量之间的转换关系。按照这种解释,0°的结果表示新坐标系与旧坐标系一致时新的 x 面应力就是旧的 x 面的应力;90°的结果表示新坐标系中 x 面正应力与旧坐标系中 y 面正应力一致,新坐标系中 x 面切应力的绝对值等于旧坐标系中 y 面切应力的绝对值,但符号相反,因为新坐标系的 x 面 y 轴正向与旧坐标系的 y 面 x 轴正向相反。

平面应变状态下应变转轴公式有相同的问题,此处不再赘述。

2.4 小结与建议

目前绝大部分院校讲授材料力学课程采用归纳法的模式(从拉压、扭转与弯曲几种基本变形模式开始,然后归纳于应力应变状态与强度理论),其优势是由简入繁、由浅入深,但由此也造成同一物理量名称的差异——不同章节涉及同一物理量时,由于对象不同或者简化模型不同,故为了讲述的方便各自采用了“局部最优”的描述。相对而言,如果按照演绎法体系,应力应变名称均在三维微体模型上定义就能避免该问题,或者在课程后期总结时进行名称辨析对学生是有益的。

另一方面,除应力圆部分外,材料力学教材完全可以采用弹性力学符号体系,包括采用二阶张量矩阵的坐标转换法则给出应力转轴公式,以及采用三阶实对称矩阵特征值问题分析主应力(特征值对应主应力,特征向量对应主方向),对于从事力学理论工作的研究者,这种模式是简洁与优美的。但是材料力学的特色是分析方法与表现形式与工程应用密切相关,其中概念与结果的图像表征深入人心,在讲授时应力圆部分也是重点内容。只要应力圆部分存在,材料力学教材就无法把弹性力学符号体系贯穿始终。至于如何选择是教师的偏好,但与前述问题类似,最终给学生一个解释以避免混乱还是有益的。

该部分的内容涉及材料力学多个章节,建议安排在强度理论之后,由教师提出问题并鼓励学生查阅相关书籍进行讲解;或者直接给出弹性力学与材料力学正负号的规定,要求学生对比异同给出结论,最终挑选部分学生进行课堂表述并展开讨论。

通过不同形式的研讨与交流,相关内容的学习涉及学生能力体系培养的多个方面,对应于表 1.1 中的指标点,重点突出其中的某个指标点取决于教师的课程内容设计，后续各章与此类似，不再重复说明，在此仅仅列出对应指标点。另外，本书各章都希望采用学生讨论与交流的模式，所以指标点 7.2、7.4、7.5 对于每一章都适用，后面各章也不再列出。

本章涉及学生能力培养体系的指标点如表 2.1 所列。

表 2.1　本章学生能力培养体系指标点

能　力	对应的指标点
1. 工程推理和解决问题的能力	1.1 发现问题和系统地表述问题 1.5 解决方案与建议
2. 实验和发现知识	2.2 查询印刷资料和电子文献
3. 系统思维	3.1 全方位的思维 3.2 系统的显现和交互作用 3.4 解决问题时的妥协、判断和平衡
4. 个人能力和态度	4.4 批判性思维
7. 交流的策略	7.2 书面的交流 7.4 图表的交流 7.5 口头表达和人际交流

第3章　平面假设的内涵与作用

简要说明：材料力学相比后续的弹性力学课程，在研究方法上最为显著的特色在于利用假设简化分析过程。在杆件应力分析部分平面假设是大家熟悉的内容，在课堂讲述过程中，平面假设与应变分布的直接关联是关键点，也是疑难点。本章在梳理平面假设内容的基础上，重点阐述平面假设在应变分布（变形协调）推理过程中的切入点，一方面提示授课教师关注平面假设的内涵，另一方面加深学生对分析方法的理解、强化各章节相关内容的联系。

3.1　目的与意义

在材料力学课程的杆件应力分析中，利用平面假设是通用模式，其本质是直接给出横截面各点之间的变形协调关系或几何方程，这样极大降低了分析难度，简化了推导过程。对于拉压、扭转或弯曲三种基本变形模式，均通过观察实验试样变形的结果给出相应的平面假设。

在授课过程中一定会提到，杆件截面应力分析是一个静不定问题，在应力的推导过程中需要综合应用物理方程、几何方程与平衡方程，甚至还会告知其中的几何方程来源于平面假设。但是，平面假设在应力分析过程中具体用在哪里，起到何种作用，大部分学生甚至授课教师并不能给出清晰的描述，这一部分是平面假设授课讲述中的关键点，也是本章希望回答的问题。

3.2　平面假设的内涵与作用

杆件截面的应力分析是材料力学课程教学的主体内容之一，本质上，应力分析的目标就是给出两个表达式：一个是正应力的分布 $\sigma(x,y,z)$，一个是切应力的分布 $\tau(x,y,z)$。具体到杆件横截面的应力分析，对于某一特定的 x 截面（以 x 轴为杆件轴向），上面的表达式退化为 $\sigma(y,z)$ 和 $\tau(y,z)$，只要能给出这两个表达式，就完成了所谓杆件截面的应力分析。

在材料力学应力分析中，应力的分布实际上是通过应变的分布导出的，所以问题就转化为：平面假设如何直接给出正应变分布 $\varepsilon(y,z)$ 与切应变分布 $\gamma(y,z)$。

3.2.1　拉压平面假设

拉压的平面假设：拉压变形后横截面保持平面，而且仍然垂直于轴线（轴线仍为直线)。

为了体现相互关系与对应位置,这里给出图3.1来对照阐述。

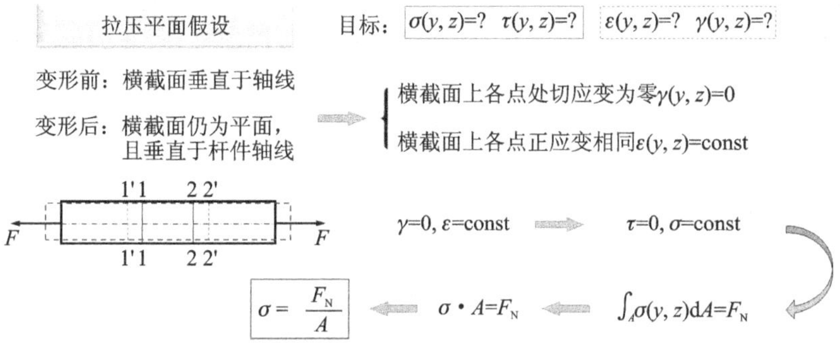

图3.1　拉压平面假设与应变分布逻辑关系示意图

(1) 首先,未变形的横截面一定与轴线垂直,变形后的横截面仍然为平面且保持与轴线垂直,说明原始夹角的直角仍为直角,切应变处处为零,即 $\gamma(y,z)=0$;

(2) 其次,在初始的1-1截面和2-2截面之间,任意取两条轴向线段,其长度相等;变形以后1-1截面变为$1'-1'$截面,2-2截面变为$2'-2'$截面,这两条线段尽管都伸长了,但是可以看出它们的伸长量一定相同,所以两条线段的轴向正应变相等。由于这两条线段是任取的,所以横截面各点的轴向正应变都相同,横截面上的正应变为均匀分布或者为常数,即 $\varepsilon(y,z)=\text{const}$。

以上是由平面假设直接给出的横截面上的应变分布,由上述条件可知,$\tau(y,z)=0$,$\sigma(y,z)=\text{const}$。之后通过平衡方程利用正应力为常数的关系,将常数 σ 移至积分号外,最终获得 $\sigma=F_N/A$ 的横截面正应力公式。

可以看到,在整个分析过程中,由平面假设直接给出截面上正应变与切应变分布是关键,后续的数学推导其实很简单。

3.2.2　纯弯曲平面假设

纯弯曲的平面假设:梁弯曲变形后横截面保持平面,而且仍然垂直于变形后的轴线(轴线由直线变为曲线)。

同样给出图3.2来对照阐述,图中梁轴向为 x 轴,弯曲发生在 xOy 平面内。

初看纯弯曲的平面假设似乎与拉压的平面假设基本一致,唯一的差异是弯曲时梁轴线由直线变为曲线,表明弯曲时横截面有转动,与拉压时横截面仅沿轴线平移不同。

(1) 首先,与拉压平面假设的分析类似,原始夹角的直角仍为直角,切应变处处为零,即 $\gamma(y,z)=0$;

(2) 其次,由于变形后横截面仍为平面,对比变形前后横截面的位置,容易看出横截面上各点轴向变形与该点的高度位置成比例,轴向正应变呈现线性分布,即

$\varepsilon(y,z)=k_\varepsilon y$（$k_\varepsilon$ 为轴向正应变分布的斜率）。

由以上平面假设直接给出的横截面上应变分布，可以得到横截面上应力分布是切应力处处为零，即 $\tau(y,z)=0$；正应力与该点的高度位置成线性比例，即$\sigma(y,z)=k_\sigma y$（k_σ 为轴向正应力分布的斜率）。即使没有后续的详细推导，我们并不知道系数 k_σ 是多少，也不知道 y 的原点在哪里，但横截面正应变的线性分布决定了正应力的线性分布。

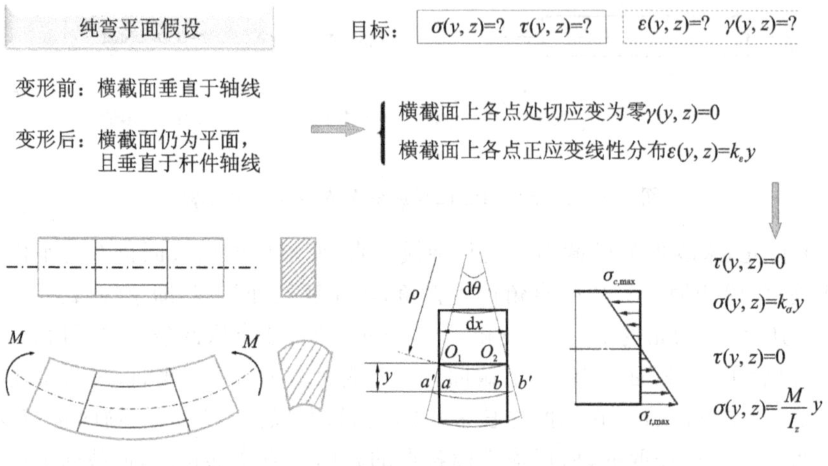

图 3.2　纯弯曲假设与应变分布逻辑关系示意图

对比后续经过详细推导获得的正应力分布结果 $\sigma=My/I_Z$ 和对应图像，可以发现后续的推导过程就是在线性分布的基础上，决定系数 k_σ 的具体数值和 y 的原点。由此可知，对于纯弯状态下横截面上正应力的分析，平面假设直接给出的应变分布是定性分析，而后续结合物理方程与力（矩）平衡方程的数学推导是定量分析；平面假设对于切应力甚至直接给出了定量结果。

另外，为了本节内容的结构完整同时兼顾学生逻辑主线的思维训练，此处给出如图 3.3 所示的横截面弯曲正应力推导过程的逻辑主线图，其中的关键点包括：

（1）中性层概念的导出（为什么中性层一定存在?）；

（2）弯曲变形的具象化——横截面绕中性轴相对转动（为什么弯曲变形只能是横截面绕中性轴转动?）；

（3）设定中性轴为坐标轴（z 轴）与中性轴过形心的关系（为什么 $y_c=0$ 表示中性轴过形心?）。

图 3.3 一方面可用于教师课堂讲授；另一方面对于学生而言，可以用于检测学习效果：如果可以独立完成该逻辑主线图并对其中的关键点有清晰的认知，则说明对弯曲应力分析部分掌握较好。同时从各变形分析的简图中也可以看出平面假设的作用——正是有平面假设的存在，变形图（正视图）中横截面才能画为直线，也才能给出

后续的结论。

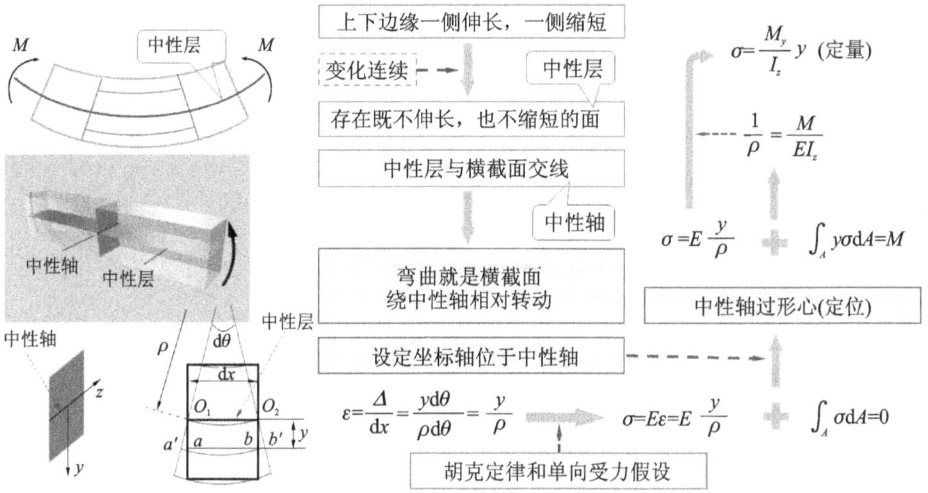

图 3.3　纯弯正应力分布推导过程逻辑主线图

3.2.3　圆轴扭转平面假设

圆轴扭转的平面假设：变形后横截面仍然保持平面，其形状、大小与横截面之间的距离均不改变，而且半径仍为直线。

圆轴扭转平面假设相比拉压与纯弯平面假设稍显复杂，在常规课堂讲述中也被形象化描述为：圆轴扭转时各横截面如同刚性圆片，仅绕轴线作相对旋转。

这里给出图 3.4 与图 3.5 来对照阐述，图 3.4 主要对应正应变与正应力部分（图中为了描述方便建立了柱坐标系，并按照材料力学图标习惯把轴向设为 x 方向），图 3.5 对应切应力部分。

首先根据平面假设中“各圆周线（横截面）之间的距离不变”，即不同横截面上各点轴向变形 $\Delta dx=0$，所以

$$\varepsilon_x=\frac{\Delta\, dx}{dx}=0 \tag{3.1}$$

其次，“各圆周线的大小不变”，即 $\Delta r=0$，所以

$$\varepsilon_r=\frac{\Delta r}{r}=0 \tag{3.2}$$

再次，“圆周线的形状不变，各横截面如同刚性圆片绕轴线做相对旋转”，图 3.4 中右下部分，圆心角 θ 在刚性转动后大小不变，即 $\Delta\theta=0$

$$\varepsilon_\theta=\frac{\Delta\theta}{\theta}=0 \tag{3.3}$$

由式(3.1)～式(3.3)以及各向同性材料的广义胡克定律可知

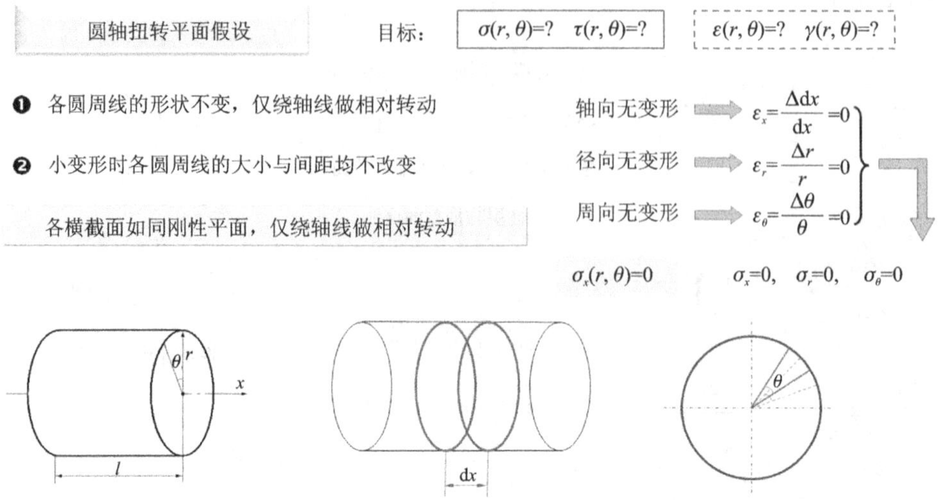

图 3.4 圆轴扭转平面假设与正应变分布逻辑关系图

$$\sigma_x=0,\qquad \sigma_r=0,\qquad \sigma_\theta=0 \tag{3.4}$$

对于先期讲述过应力应变状态的演绎法体系，上述完整讲述是顺畅的；而对于归纳法体系的教学，学生会认为由 $\varepsilon_x=0$ 就可通过胡克定律直接得到 $\sigma_x=0$，教师在此处可以不解释为什么需要 $\varepsilon_r=0$ 与 $\varepsilon_\theta=0$，只须给出推导并强调 $\sigma_x=0$ 即可，在后续的应力应变状态部分再次回顾该问题将是广义胡克定律一个非常好的例证，与之类似的还有弯曲问题中单向受力假设的作用，也可以作为广义胡克定律的例证。

至此完整展示了如何基于圆轴扭转变形平面假设导出横截面正应变（正应力）分布，针对圆轴扭转问题，几乎所有的讲述都聚焦于扭转切应力的推导，很少有教师提及横截面上正应力为什么是零，这种做法从应力分析的视角来看存在缺陷。当然，轴向正应力为零也可通过轴力为零加以“猜测”，尽管应力分布沿周向存在对称性，但沿径向的分布规律并不明显，不易说明是否存在相互抵消的趋势，在逻辑上不如以上的推导严密。

在接下来的切应力分析中，指出平面假设的作用同样重要，在图 3.5 所示的微楔体变形分析中，右侧截面 O_2BD 变形的画法就使用了“变形后的横截面仍然保持平面”，特别是径向 O_2B'（包括 O_2D'）的画法使用了“变形后半径仍为直线”的假设，这是平面假设在切应力分析中的导入点。事实上，在 $\gamma_\rho=\rho\dfrac{\mathrm{d}\varphi}{\mathrm{d}x}$ 的讲述完成后，引导学生再次观察楔形体变形图可以看出，“半径仍为直线”就是切应变线性分布的根源。

另一个容易被忽略的平面假设的作用是关于横截面上 $\dfrac{\mathrm{d}\varphi}{\mathrm{d}x}=\text{const}$ 的讲解，正是由于“圆轴扭转时各横截面如同刚性圆片绕轴线做相对旋转”，即同一横截面内各点

转动角度相同，故 $\varphi(x,r,\theta)=\varphi(x)$，$\left.\dfrac{d\varphi(x)}{dx}\right|_{x=x_0}=\text{const}$。只有在该条件成立的情况下，力平衡方程分析中 $\dfrac{d\varphi}{dx}$ 可以从积分号内移到积分号之外，这是后续推导过程的关键点。

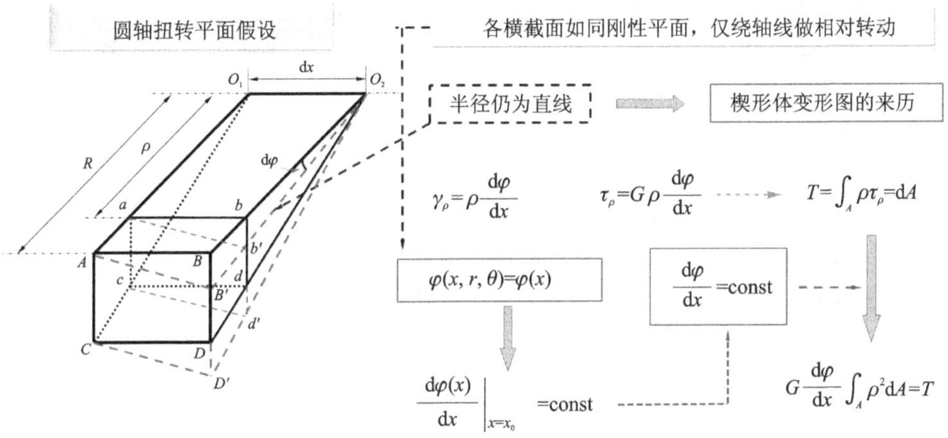

图 3.5　圆轴扭转平面假设在切应力推导中的作用

3.3　小结与建议

平面假设是材料力学中进行横截面应力分析简化的重要条件，阐述其内涵及其与后续应力（应变）分析的关系是非常必要的，以此为基础的讲授不仅可以使平面假设与应力分析两部分之间有很好的过渡，而且对于学生理解平面假设的本质非常关键。

在拉压、圆轴扭转与纯弯变形模式的应力分析中都给出了平面假设，尽管三个平面假设的表述不尽相同，但本质上都是横截面变形模式的假设，相同点是横截面保持平面，不同点是各点轴向位移的相互关系：

(1) 对于圆轴扭转，横截面各点轴向位移为零；

(2) 对于拉压，横截面各点轴向位移相同，且位移不为零；

(3) 对于弯曲，除中性轴位置外，其他各点轴向有位移，且位移对于高度呈线性分布。

另外，尽管平面假设成立的条件不是课堂的基本讲述内容，但该问题在拉压杆（带锥度杆件）、扭转轴（非圆截面轴）以及弯曲梁（横力弯曲）中均存在，教师在适当的阶段讲授适度的内容可以增进学生对该问题的理解，对学有余力的学生而言也不失为一种思维训练，相关文献与讨论较多且均有文献可查，非常适合开展研讨类型的课程。

该部分涉及材料力学多个章节(包括三种基本变形模式下的应力分析、应力应变状态与广义胡克定律),内容与三种基本变形模式关系密切。建议安排在弯曲变形应力分析之后,由教师提出任务,要求学生对已经学习的三种变形模式应力分析过程的相关内容进行总结,给出对比分析,其中平面假设与变形协调的逻辑关系为重点任务,最终挑选部分学生进行课堂表述并展开讨论。更进一步的挑战性任务是针对带锥度拉压杆、非圆截面扭转轴(包括空心薄壁杆扭转与空心圆轴扭转在分析方法上的差异)、横力弯曲梁,分析平面假设适用性与误差来源。

本章涉及学生能力培养体系的指标点如表 3.1 所列。

表 3.1　本章学生能力培养体系指标点

能　力	对应的指标点
1. 工程推理和解决问题的能力	1.1 发现问题和系统地表述问题 1.3 估计与定性分析
2. 实验和发现知识	2.1 建立假设 2.4 假设检验与答辩
4. 个人能力和态度	4.4 批判性思维

第4章 杆件截面形状设计与发展

简要说明：杆件截面的形状设计是杆件合理设计的重要组成部分，也是材料力学的常规讲授内容，甚至在绪论部分介绍材料力学发展历史中也会谈及中外古代对于该方面的经验总结。尽管其基本原理比较简单，但涉及工程实际问题时需要考虑的因素并不单一，在多种因素影响下考虑如何平衡与协调是解决复杂系统工程问题的基本出发点。本章以典型杆件弯曲变形强度问题为例，展示考虑不同因素对设计结果与设计发展方向的影响，可作为培养学生系统性思维的研讨内容。

4.1 目的与意义

在材料力学教材中，杆件的合理设计出现在扭转与弯曲变形模式（包括稳定性章节）的最后部分，涉及材料属性、载荷分布、约束施加、截面设计等内容，在强度与刚度方面均有提及，其设计标准分别基于截面应力分布公式（强度合理设计）与变形量公式（刚度合理设计）。如果仅仅根据应力公式或变形量公式解算题目，则对于学生而言属于简单任务。

事实上，设计类型的工作一定与工程实际密切相关，而工程实际问题涉及的因素往往并不单一，认知这种复杂性并学会在多种影响因素下进行判断、平衡与协调，对于工程设计专业学生的能力培养至关重要。

本章内容以杆件强度合理设计中截面设计为例，从截面应力分布公式出发，考虑稳定性限制、约束条件、材料来源、生产功效等多种因素，引导学生理解其中的设计思路与方法。

4.2 截面合理设计的基础内容

杆件截面形状合理设计是杆件合理设计的组成部分，常常分为强度与刚度的合理设计，二者涉及的内容基本相似。本章以强度设计为例展开讨论，以变形量为基础的刚度部分可作为课后练习进行补充。

所谓截面形状合理设计，就是在保证结构安全性的前提条件下，研究如何减少结构质量提高材料利用率；或者在同样的结构质量下，研究如何设计截面形状使结构承受更大的外部载荷。这种思路其实就是材料力学的任务，在材料力学绪论部分曾提到，材料力学的任务是解决经济性和安全性的矛盾。在一些特殊的工程领域，例如航空航天领域有一句俗语“为减轻每一克质量而奋斗”，这是为解决经济性和安全性矛盾而提出的极高设计要求的一种表述。

在强度、刚度和稳定性问题中都涉及截面的合理设计，强度的截面合理设计以应力分布为基础，式(4.1)～式(4.3)给出的杆件横截面应力分布公式与应力最大值、教科书中给出的截面应力分布图均为同学们熟知的内容。可以发现，除了拉压杆以外，无论对于扭转圆轴还是弯曲梁，其应力最大值均位于截面的边界。所以，对于圆轴而言设计成实心截面必定不合适，空心的截面设计比实心的好；同样对于弯曲矩形梁而言，高度大于宽度的截面一定优于正方形截面。

拉压：
$$\sigma=\frac{F_N}{A},\quad \sigma_{\max}=\frac{F_N}{A} \tag{4.1}$$

圆轴扭转：
$$\tau=\frac{T}{I_p}\rho,\quad \tau_{\max}=\frac{T}{W_p} \tag{4.2}$$

弯曲：
$$\sigma=\frac{M}{I_z}y,\quad \sigma_{\max}=\frac{M}{W_z} \tag{4.3}$$

按照前述以强度为标准的截面合理设计要求，在材料用量一定的情况下(横截面积为常数不变)，这种空心圆轴设计或窄高的矩形截面设计是否有最佳参数？即对于圆轴而言，其内外径比例 $\alpha=d/D$，以及对于矩形截面而言，其高宽比 $\beta=h/b$ 是否有最优值？

为了研究此问题，可以把相关参数表征为横截面积和相应系数的组合，然后对该系数求导，对于圆轴扭转，有

$$W_p=\frac{\pi D^3}{16}(1-\alpha^4),\quad \alpha=\frac{d}{D} \tag{4.4}$$

$$W_p=\frac{A}{2}\sqrt{\frac{A}{\pi}}\ \frac{(1+\alpha^2)}{\sqrt{(1-\alpha^2)}},\quad A=\frac{\pi D^2}{4}(1-\alpha^2) \tag{4.5}$$

对上式中 W_p 求导，并设定 $\mathrm{d}W_p/\mathrm{d}\alpha=0$，该式无解，表明 α 并无最优值存在。

同理，对于矩形截面梁弯曲

$$W_z=\frac{bh^2}{6}=\frac{A}{6}h,\quad \beta=\frac{h}{b} \tag{4.6}$$

上式中 W_z 与高度 h 呈线性单调增长，表明 β 并无最优值存在，图 4.1 与图 4.2 分别对应上述的结论。

既然均为单调增加，圆轴内外径比例 $d/D\to 1$ 或者矩形截面高宽比 $h/b\to\infty$ 是否可行？图 4.3 出现在材料力学教科书的稳定性部分，展示了当圆轴内外径比例或矩形截面高宽比过大时发生失稳的现象(表面起皱与侧翻)，说明这种比值过大是不被容许的。

以上结果表明，对于涉及多个因素的设计需要考虑不同方面的要求，某一方面性能优异并不能保证其他方面没有问题。在工程实际中考虑到不同方面的要求，上述结构的尺寸比例有规定的取值范围，例如对于圆轴扭转的内外径比例为 0.85～

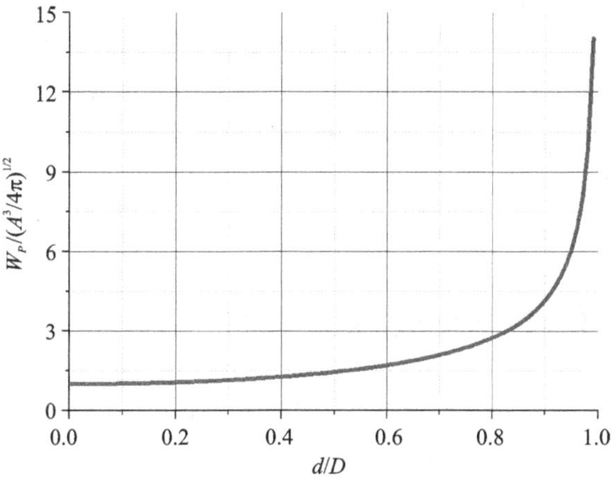

图 4.1　圆轴扭转 W_p 随内外径比例 d/D 的变化(截面面积 A 为常数)

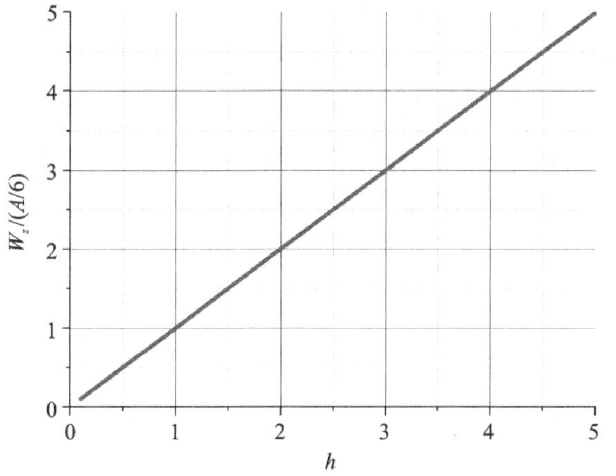

图 4.2　矩形截面弯曲 W_z 随截面高度 h 的变化(截面面积 A 为常数)

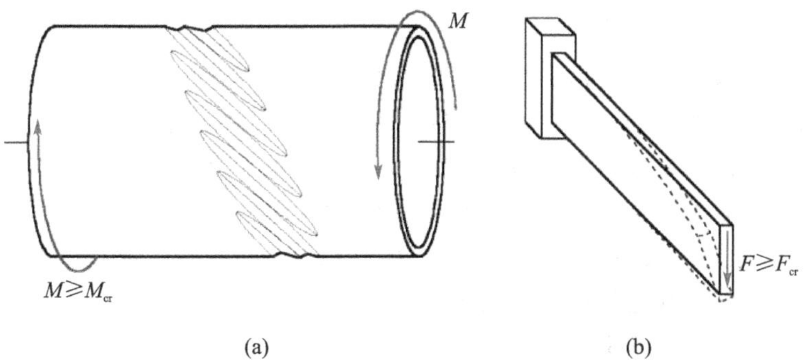

图 4.3　薄壁圆筒扭转失稳与薄板弯曲失稳示意图

0.90，对于矩形截面弯曲的高宽比例为2.0～3.5。

上述例证并不特殊，对于涉及多因素的工程实际问题需要全方位的规划，甚至包括与设计相关的其他方面，例如设计的结构以现有的技术水平是否可以制造？现有的材料是否可用？制造的效率如何？如果设计方案不满足实现要求，这个设计一定是失败的。所以解决复杂系统工程问题涉及多种因素，需要用判断、妥协和平衡的思维模式。

4.3 基于材料发展探讨弯曲梁的截面合理设计

以本科工程专业认证的视角来看，上例提及的解决复杂系统工程问题的能力是培养工程类专业学生最为重要的能力指标。为了描述其中更多的细节，这里以弯曲梁强度问题的截面设计为例，通过观察材料发展过程中设计方法与模式的变迁，引导学生体会涉及多种因素时处理问题的思路。

之所以采用弯曲梁截面设计作为研讨对象，源于梁构件在总体结构中的重要地位，无论从结构类型还是历史进程来看均是如此。以时间的视角，我国的古文字中“梁”的解构是“从木从水”，其含义就是在河流上的小桥。对于承受横向载荷的梁，相比承受纵向载荷的立柱或者隔墙显得更为危险，所以梁的取材更为重要。关于取材的重要性可以引申到选人用人的范畴，例如所谓“栋梁之才”中人才的“才”，其实来源于“栋梁之材”中木材的“材”。“栋梁之材”是汉语成语，意为能做房屋大梁的木材，引申的“栋梁之才”比喻能担当国家重任的人才。两种含义均在古文中频繁出现，前者如《庄子·人间世》：“仰而视其细枝，则拳曲而不可为栋梁。”《旧唐书·赵憬传》：“大厦永固，是栋梁榱桷之全也；圣朝致理，亦庶官羣吏之能也。”清代梅曾亮《士说》：“求栋梁者必於木，而木不皆栋梁也，其不材者，且不得与萑蒲竹箭比。”后者如《后汉书·陈球传》：“公为国家栋梁，倾危不持，焉用彼相邪？”南朝梁刘勰《文心雕龙·程器》：“摛文必在纬军国，负重必在任栋梁。”唐代杜甫《承沉八丈东美除膳部员外郎》诗：“天路牵騏驥，云臺引栋梁。”

其中最具影响力的词句出自《三国典略》——庾子嵩目和峤：“森森如千丈之松，虽磊砢有节目，施之大厦，有栋梁之用也。”此为太傅庾顗（字子嵩）称赞和峤（字长舆，官至魏国尚书令）的语句，大意为：和峤像棵茂盛的千丈松树，虽然壮大有枝干交接纠结不顺之处，但用来建造大厦，可作栋梁之材。比喻一些大气的人虽然有小的缺点毛病，但还是可以委以重任的。近年来有一本架空历史类型的网络小说《回到明朝当王爷》（作者：月关），该小说在官网上有5 000万的点击阅读量，并获得500万人的推荐，后改编为同名电视连续剧。该文中明朝弘治皇帝对小说主角杨凌的评价引用了上文，所以此句的古文含义在网络上被频繁搜索。

无论“栋梁之材”还是“栋梁之才”，其中的栋梁二字均来源于房屋结构的称谓，中国古典建筑的重要特色是以木为主的木石结构，在建筑结构中“梁”为水平木质构件，而“栋”为脊檩或正梁，即屋顶最高处的水平木梁(图 4.4 中标号 2 为梁，标号 8 为脊檩或栋)。

4.3.1　古代设计制作人员的任务与选择

图 4.4 中所有的梁都由木材制作，原材料来自自然生长的原木。如图 4.5 所示，现在提供一根自然形态原生的圆形截面木材(以下简称圆木)，要求完成截面设计与取材以获得最大的材料利用率，应该如何做？

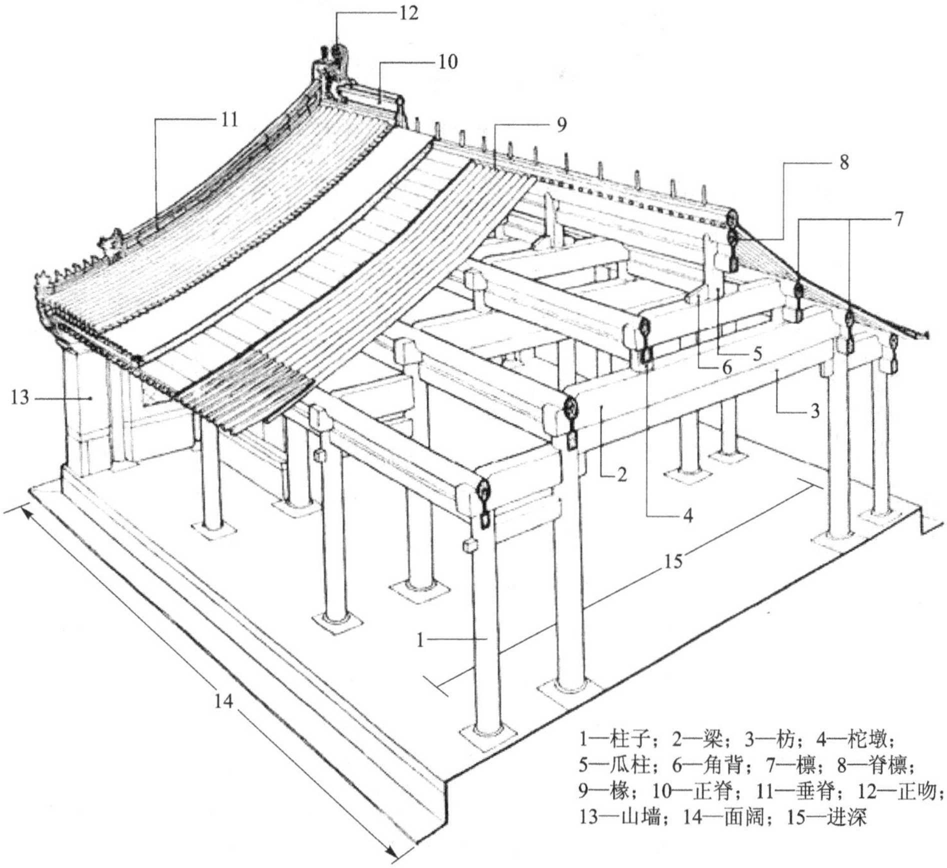

图 4.4　我国古代房屋建筑结构件示意图

与上例不同之处在于此时增加了一个约束条件 $h^2+b^2=d^2$，设 $\beta=h/b$，则

$$W_z=\frac{bh^2}{6}=\frac{d^3}{6}\frac{\beta^2}{(1+\beta^2)^{\frac{3}{2}}} \tag{4.7}$$

$$\frac{\partial W}{\partial \beta}=0\Rightarrow\beta=\sqrt{2} \tag{4.8}$$

图 4.5　在圆木中截取方料示意图

该结论在材料力学绪论部分曾经提及，与之相关的是我国古代技术规范的比较：宋代李诫《营造法式》卷五——大木作制度中有造梁之制[12]："凡梁之大小，各随其广分为三分，以二分为厚"，按构件安装模式即矩形截面的高宽比为 3∶2，《营造法式》中提及的 3∶2 与此处的$\sqrt{2}$已经非常接近。按照常见的评价模式，在赞叹古人依靠经验获得比较准确的技术规范的同时，总还有一些没有按照科学理论推导解析解的遗憾。

事实上，从工程设计与制造全过程来看，仅仅比较设计数据与解析解吻合位数是不够的，至少是不全面的。例如，如何在一个圆中刻画比例为$\sqrt{2}$的矩形？在圆木截面划线时，不同位置的 h 与 b 都不同，需要反复测量定标，如果考虑到古代标尺与刻度的状况，这就更是一件非常困难的工作，此时 1.414 213 562（$\sqrt{2}$）的小数位似乎很多余，而 3∶2 在工艺上看起来更加"靠谱"。即便如此，如果考虑到圆木的自然来源，很难想象一个缺乏数学知识的古代工匠使用尺规在各种尺寸非完美的圆木上反复测量、迭代计算并画出标线，这在工效上是一种极其低下的模式。经过多年的经验总结，古人给出了"标准化"与"模块化"的方式——"凡构屋之制，皆以材为祖"。此处之"材"意为标准木材。"材"分成八个等级，用于建造规模大小不等的建筑。"凡屋宇之高深，名物之短长，曲直举折之势，规矩绳墨之宜，皆以所用材之分，以为制度焉[13,14]。"大木中的梁作为基本单元有八个等级（见图 4.6），其他组合构件与这八种尺寸的梁相匹配，利用此种模具划线解决了工效问题，同时为各类结构件组合提供了统一的标准。

另外值得一提的是精度问题的求索，匠人们有句俗语称"方五斜七"，即边长为五份的正方形其对角线近似为七份（见图 4.7），7∶5＝1.4 更接近$\sqrt{2}$（理论上任意尺寸正方形对角线与边长之比均为$\sqrt{2}$，但是用这种模式取整数便于操作实施），甚至《营造法式》的作者李诫给出了 141∶100，偏差从 3∶2 的 6％降至 0.3％，可以看出，古

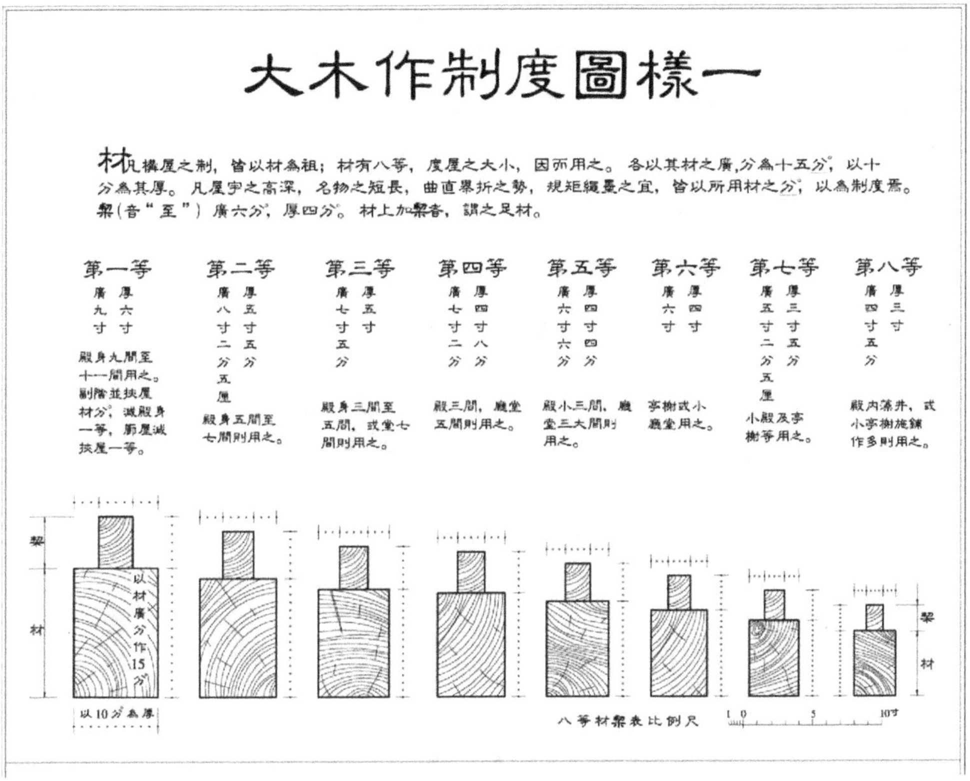

图 4.6 《营造法式》中材分八等示意图[13,14]

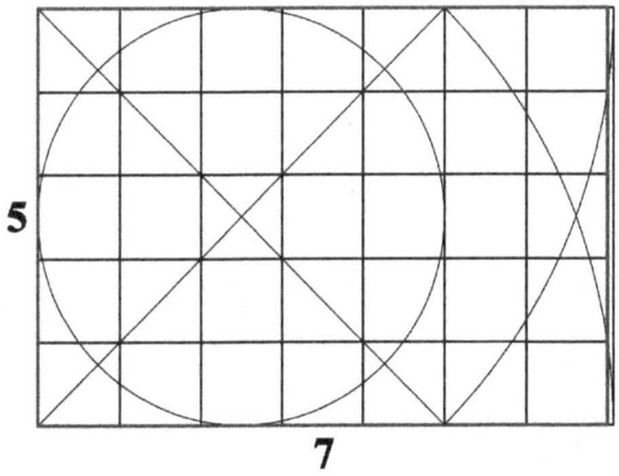

图 4.7 “方五斜七”示意图

代工匠对加工精度也是精益求精的[15]。除此之外，比例$\sqrt{2}$也被称为“白银分割”，这是与 1.618(或 0.618＝1/1.618)的“黄金分割”相对应的。最近清华大学建筑学院王南老师在“营造法式”系列文章中论及中国古代建筑的“密码”就是$\sqrt{2}$的比例[16]，是“天圆地方”的思想在建筑上的体现，具体表现为正方形外接圆与内切圆的尺寸比例。

西方建筑的“黄金分割”重视外观美，而“白银分割”倾向于工程实用美，且$\sqrt{2}$的比例可不断细分保持比例不变。有趣的是，目前广泛使用的A型纸张的所有规格也是按照$\sqrt{2}$的比例设置的(见图4.8)，这种模式也是为了在纸张分裁时最大限度地利用材料。

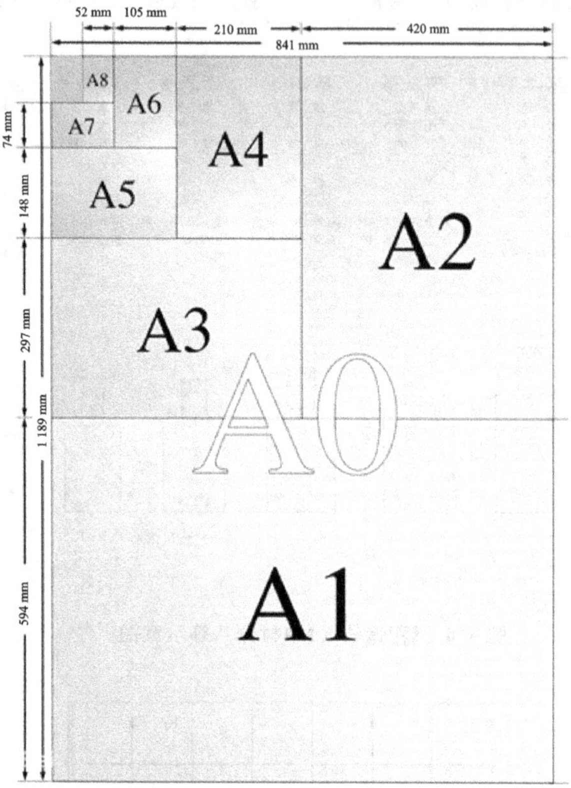

图4.8　A型纸张划分与长宽比例均满足$\sqrt{2}$

4.3.2　近现代设计人员的任务与方向

回到基本问题，如果功效问题得以解决，量测精度也足够，对于弯曲梁而言，高宽比为$\sqrt{2}$的矩形截面是一种完美设计吗?

根据材料力学基本知识，图4.9中矩形横截面上正应力的分布与所在位置的高度成正比。很明显，上下边缘处正应力远大于中性轴附近的应力值，换言之，矩形截面中大部分材料并没有发挥应有的作用，如果把材料分布到远离中性轴的位置形成工字形截面，则能使更多材料承受较高应力，从而更好地发挥材料的作用，铁路钢轨(工字形)以及现代各类型材(工字形、T形、L形、口形、槽形)均出于此思路，由此可见，矩形并不是梁截面的最佳选择。

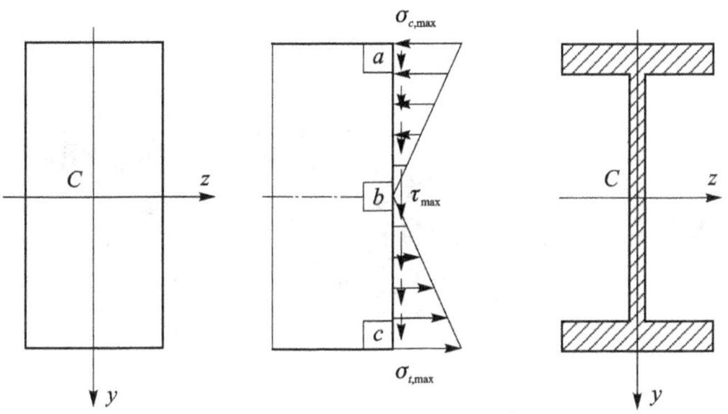

图 4.9　矩形与工字形横截面的应力分布

尽管这是一个科学的结论，但也需要考虑组成梁截面材料的性能：金属材料自身强度高，可以通过各种冷/热加工方式形成一体化的截面形状；而木材属于自然生长的植物，只能分割剪裁，更重要的是木材纤维强度相对较低，而纤维间的结合强度更低，承受弯曲切应力能力非常弱。如果把圆木截面直接剪裁成工字形，则其中间腹板容易开裂，甚至带来侧向稳定性的问题，所以古建筑鲜少采用切割大型原木的方式来获取组合梁，在民居中倒是可以见到使用较细的木梁沿高度方向组合的情况（往往也需要在高度方向进行强化约束）。

再次回到基本问题，如果材料可以选择，制造工艺满足要求，对于弯曲梁而言，工字形截面是一种完美设计吗？

对于重量指标要求不高且使用单一材料的工程领域答案基本是肯定的，但在航空航天领域，结构重量对产品性能有决定性影响，衡量材料的优劣往往使用比强度（材料强度/密度）与比刚度（材料弹性模量/密度），此时使用单一金属材料实心结构并不占优势。加之材料性能各异，发挥材料性能优势避免劣势成为趋势，复合材料与结构由此而生。

即使在常规民用工程领域，复合材料梁结构也很常见——预应力钢筋混凝土梁是土木工程领域最常见的复合材料梁，梁截面中钢筋主要分布在实际受载状态下受拉一侧，其他绝大部分区域使用混凝土材料（见图 4.10），图中钢筋上的金属紧固件先把钢筋预拉，使混凝土结构件中形成预压，用于承受更大的工作载荷。相对于使用单一材料的梁结构，此种模式充分利用了钢材的高强抗拉、混凝土的低成本且相对小密度、混凝土包裹钢筋的整体结构稳定性好等特点。

在航空航天工程中，为了追求更高的比强度与比刚度指标，将更轻的碳纤维分布在结构上下边缘以承受较大的拉压应力，中间部分利用超轻的铝蜂窝或纸蜂窝降低结构重量，从而组成蜂窝夹心复合材料结构。

尽管在不同的工程领域中，典型的抗弯截面设计结果不完全一致，但是利用材料的优势、扬长避短、各司其职，是其共同的设计思路。这种复合材料的设计思路也给

图 4.10 预应力钢筋混凝土梁截面实例

工程设计人员提供了广阔的设计空间。

在自然界中，竹也是截面设计的“个中高手”(见图 4.11)，超大长细比的竹在狂风暴雨中能够安然无恙与其截面“设计”密切相关：圆形轴对称截面可以抵御各个方向的载荷；轴线方向符合等强度设计；内外径比约 0.85 接近能提供较大抗弯刚度的薄壁圆环；竹节内部横隔板可增加承载面积，同时也能提高薄壁竹筒的稳定性；竹筒截面由外到里的薄壁上分布着竹青与竹黄，外层的竹青强度高，而内层的竹黄密度低，它们共同组成了比强度达到钢材 3 倍以上的复合材料结构[17,18]。

图 4.11 毛竹与截面

与竹子相似的植物甚至是动物(如鸟骨)都具有类似的截面特征，当然这种进化或者生物“设计”不仅仅涉及强度单一指标，在养料输送、生长自适应以及损伤自修复方面均有体现。参照自然界经过亿万年的“设计”成果而思考、尝试的模式，也许是未来工程结构设计的主流方向。

4.4　小结与建议

杆件截面形状的强度合理设计是材料力学常规讲授内容，其基础是截面应力分布公式，以学生的学习习惯，依据基本公式完成习题演算并不困难，但解决实际的工程问题需要面对多种因素或者约束条件，在多种因素影响下，期望值是全局最优解，而不是某一参数或者某一细节的局部最优解，考虑平衡与协调是解决复杂系统工程问题的基本方法。本章以典型杆件弯曲变形强度问题为例，展示考虑不同影响因素时的设计结果与发展方向，可作为培养学生系统化思维模式的基础性研讨内容。

与本章研讨主题相关的实例非常多，在网上可以找到大量的图片与说明，适合学生自主找寻素材，对于开展研讨类型的课程非常适合。另外，与刚度或稳定性相关的截面设计是类似的，通过比较强度、刚度、稳定性截面的合理设计，有助于学生总结与深入理解相关知识。

本章涉及学生能力培养体系的指标点如表 4.1 所列。

表 4.1　本章学生能力培养体系指标点

能　力	对应的指标点
1. 工程推理和解决问题的能力	1.1 发现问题和系统地表述问题 1.5 解决方法和建议
3. 系统思维	3.1 全方位思维 3.2 系统的显现和交互作用 3.4 解决问题时的妥协、判断和平衡
4. 个人能力和态度	4.2 执着与变通 4.3 创造性思维

第5章　矩形截面直梁弯曲切应力的研讨

简要说明：基于假设简化分析过程是材料力学在分析方法上有别于弹性力学最为明显的特色，在弯曲变形部分，除了耳熟能详基于平面假设的横截面正应力分析外，矩形截面直梁弯曲切应力的推导也是如此，而且该分析结果在时间顺序上晚于圣维南(Saint－Venant)给出的弹性力学解。讨论该方法的细节不仅可以加深学生对该方法的理解，还可以加强学生对解决复杂工程问题研究方法的感悟。在回顾经典讲授内容的基础上，本章通过对假设条件的剖析，展示基于假设条件分析结果的适用范围，引导学生体会科学研究的方法论。

5.1　目的与意义

矩形截面直梁弯曲切应力的推导属于材料力学课程的经典讲授内容[1-5]，讲解该部分的目的包括：

(1) 掌握横力弯曲切应力简化分析模式与矩形截面弯曲切应力的分布规律；

(2) 讨论对称弯曲和纯弯曲条件下弯曲正应力公式适用范围。

在经典的材料力学教科书中，弯曲切应力的讲解均采用儒拉夫斯基(Jourawski)给出的分析过程，即假设弯曲切应力的方向与沿宽度分布的模式，利用分离体轴向静力平衡推导纵向剖面切应力。这种基于假设的推导模式曾经引起较大的争议，铁木辛柯(Timoshenko)在其材料力学教程中对该问题进行过评述，国内的专业教师也多依据弹性力学的方法给出一些改进与讨论[19－22]。

过于复杂的推导作为本科生专业基础课程的内容并不适合，相对于圣维南的经典弹性力学解，在简洁性与使用范围上儒拉夫斯基给出的推导过程在工程界占据绝对的优势，在复杂问题中抓住主要影响因素来建模分析的特色在该部分教学内容中体现得非常显著，所以几乎所有的材料力学教材均按照儒拉夫斯基的方法进行讲解。尽管如此，针对大量工程构件截面尺寸比例，在较为“强硬”假设条件下给出的弯曲切应力分布结果还是存在一定的偏差。本章直观给出分布现象并说明机理，一方面可以对以矩形截面直梁为对象的分析过程有比较全面的认识，另一方面对于培养学生批判性思维模式非常有益。

5.2　矩形截面直梁弯曲切应力推导的回顾与问题

弯曲切应力的分析是材料力学课程的经典内容。对于金属、实心、长梁而言，弯曲切应力相比弯曲正应力有量级上的差异，所以在强度校核中弯曲切应力的地位不显著；但是对于非金属、薄壁、短粗的梁而言，弯曲切应力的数值有可能比较大，在结构分析中需要考虑其影响。

材料力学教材中弯曲切应力的推导过程来源于俄国的铁路工程师儒拉夫斯基，他在设计铁路桥梁时发现木材顺纹方向的剪切强度比较低，为了保证结构安全必须考虑弯曲切应力的影响，所以给出了这种分析思路与结果。为了后续问题的提出与讨论的方便，这里先简单回顾其基本方法。

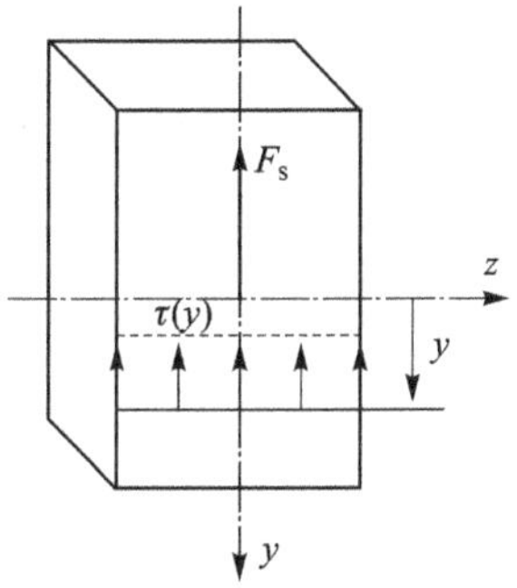

图 5.1　弯曲切应力分布假设示意图

该方法的分析对象为对称弯曲的矩形截面直梁，基于弯曲切应力方向与分布假设给出后续推导过程，其对应的图像如图 5.1 所示。

图 5.2 所示为推导矩形截面直梁弯曲切应力所用到的受力分析图，根据轴向静力平衡条件列写方程：

$$F_1 + \tau(y) \cdot b \cdot \mathrm{d}x = F_2 \tag{5.1}$$

$$\tau(y) = \frac{F_2 - F_1}{b \cdot \mathrm{d}x} \tag{5.2}$$

在此基础上写出 F_1 与 F_2 的表达式并进行化简，有

$$F_1 = \int_\omega \sigma \mathrm{d}A = \int_\omega \frac{M}{I_z} y \mathrm{d}A = \frac{MS_z(\omega)}{I_z} \tag{5.3}$$

$$F_2 = \int_\omega \frac{M + \mathrm{d}M}{I_z} y \mathrm{d}A = \frac{(M + \mathrm{d}M) S_z(\omega)}{I_z} \tag{5.4}$$

$$\tau(y) = \frac{F_S \cdot S_z(\omega)}{I_z \cdot b} \tag{5.5}$$

以上推导过程在教科书中有详细解释，这里不再赘述，沿梁截面高度方向上的弯曲切应力的分布为抛物线。

此处重复列出其中的公式是为了提出一个问题：以上的经典推导过程在逻辑关系上是否严密（虽然该推导过程基于一定假设，且根据假设条件获得的结果往往有偏差，但这种偏差属于精度问题，并不表示分析过程在逻辑上有问题）？

此推导过程逻辑上的问题出现在式（5.3）与式（5.4），其中代入了弯曲正应力公式，而弯曲正应力公式的推导是基于对称弯曲＋纯弯曲的状态，此处讨论的弯曲切应力一定不是纯弯曲状态，在非纯弯曲（横力弯曲）情况下使用纯弯曲正应力公式，该推导在逻辑上有瑕疵。

由此引出纯弯曲正应力公式在横力弯曲中的适用性问题，包括分布载荷为零与不为零两种情况的讨论，这个部分在教科书中均会提及，差异在于篇幅多少。由于本

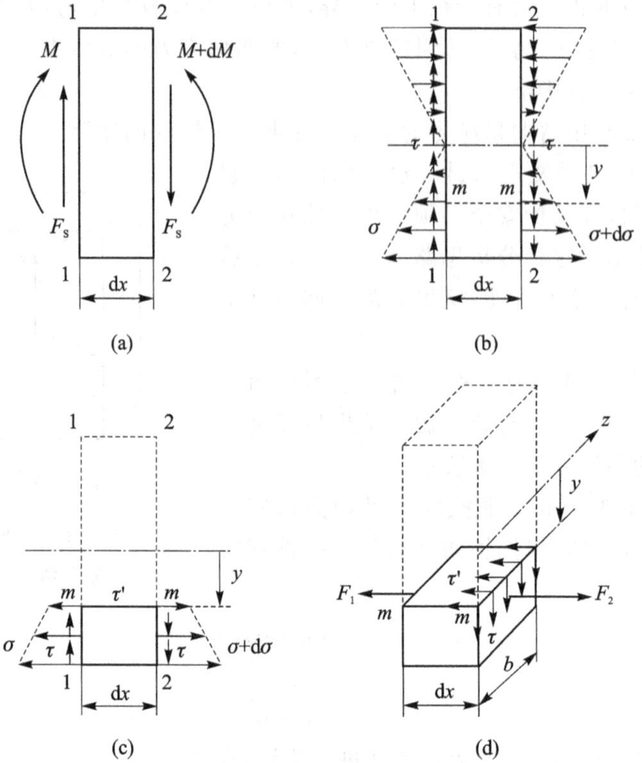

图 5.2　弯曲切应力分析中分离体力平衡示意图

书在第 10 章中对该影响效果有更详细的讨论，此处就不再重复。这里着重指出该问题意在说明：

(1) 教科书在弯曲切应力部分重新讨论弯曲正应力的原因；

(2) 相对于弯曲切应力，实心金属长梁中弯曲正应力占据主导地位，所以纯弯正应力公式在横力弯曲模式(属于绝大部分情况)中的适用性问题非常重要，其优先级高于弯曲切应力的讨论。

除了推导过程中引入纯弯曲正应力公式的问题外，该推导中还利用了弯曲切应力的分布假设与弯曲切应力的方向假设，表述为：

(1) 横截面上各点处的切应力沿截面宽度均匀分布；

(2) 横截面上各点处的切应力均平行于剪力或截面侧边。

该假设基于窄而高的横截面，下面分别讨论其影响与适用性。

5.3　矩形截面直梁弯曲切应力假设的讨论

在经典弹性力学教程中，类似的问题采用单位宽度的前提或者直接采用平面问题描述，其弯曲切应力沿高度方向分布的结论与材料力学的解答一致，这对于以上问题的讨论帮助不大。更一般情况的弹性力学推导非常烦琐，与材料力学问题讲解的模式不一致。此处直接使用三维有限元模型的计算结果给出图像，便于学生直观感受。

5.3.1　剪力方向弯曲切应力沿宽度分布

首先分析弯曲切应力沿宽度方向均匀分布的问题，如图 5.3 与图 5.4 所示，图中色带表示沿剪力方向弯曲切应力 $\tau_y(y,z)$ 的大小分布（经典材料力学教材由于仅考虑沿剪力方向的弯曲切应力，故教材中切应力没有下标，为了兼顾表达简洁与方向明晰，此处采用单下标 y 表示剪力方向的弯曲切应力，以便与下节中垂直于剪力的 z 向弯曲切应力相区别），图 5.3 中各截面高宽比分别为 10.0，5.0，2.5，1.0；图 5.4 中各截面高宽比分别为 1.0，0.5，0.25，0.1。观察色带的平行度可知，在高宽比为 5.0 时，沿宽度方向的分布已经表现出非常明显的不均匀性。

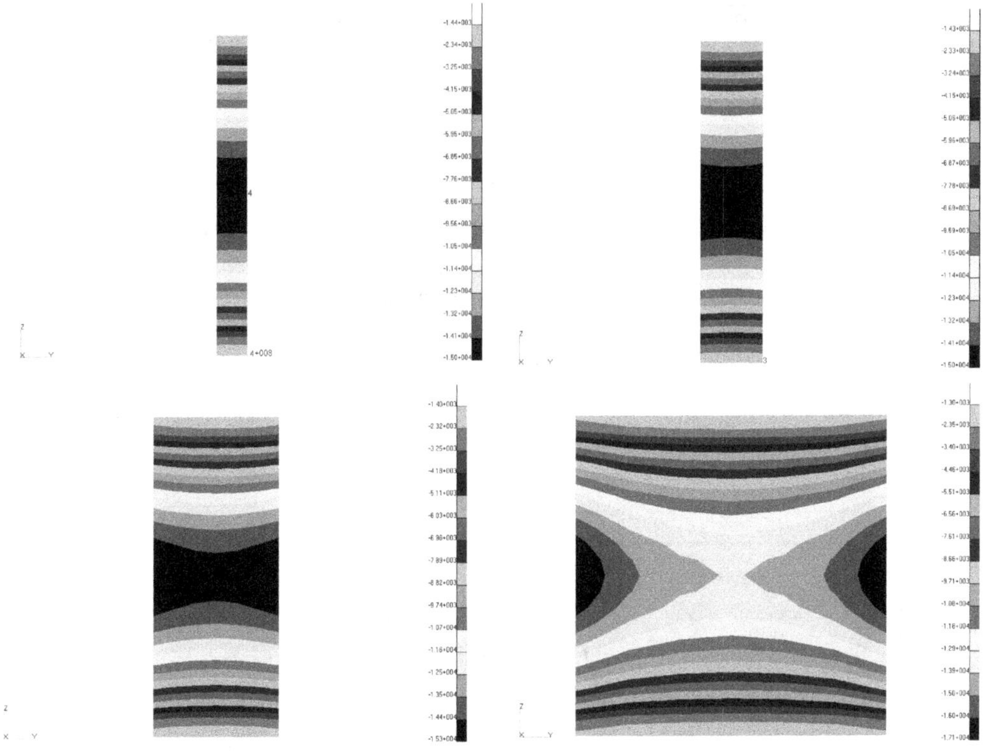

图 5.3　剪力方向弯曲切应力（单位：kPa）沿宽度分布（$h:b=10.0,5.0,2.5,1.0$）

以高宽比 10∶1 与 1∶1 为例，图 5.5 给出了典型高度位置（中部与接近顶部）$\tau_y(y,z)$沿宽度分布情况及最大值与中心值（对称轴位置）之比。如果以 5%的偏差衡量，高宽比应大于 2.0，该比例参数下矩形截面直梁弯曲切应力均匀分布假设具有合理性与一定的工程精度。

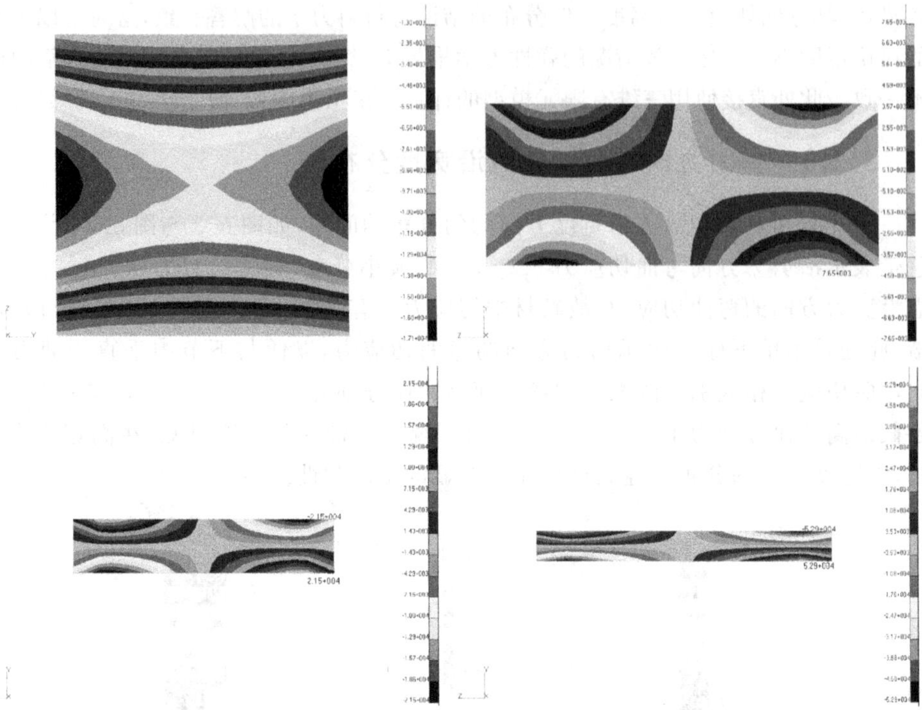

图 5.4　剪力方向弯曲切应力(单位: kPa)沿宽度分布($h:b=1.0, 0.5, 0.25, 0.1$)

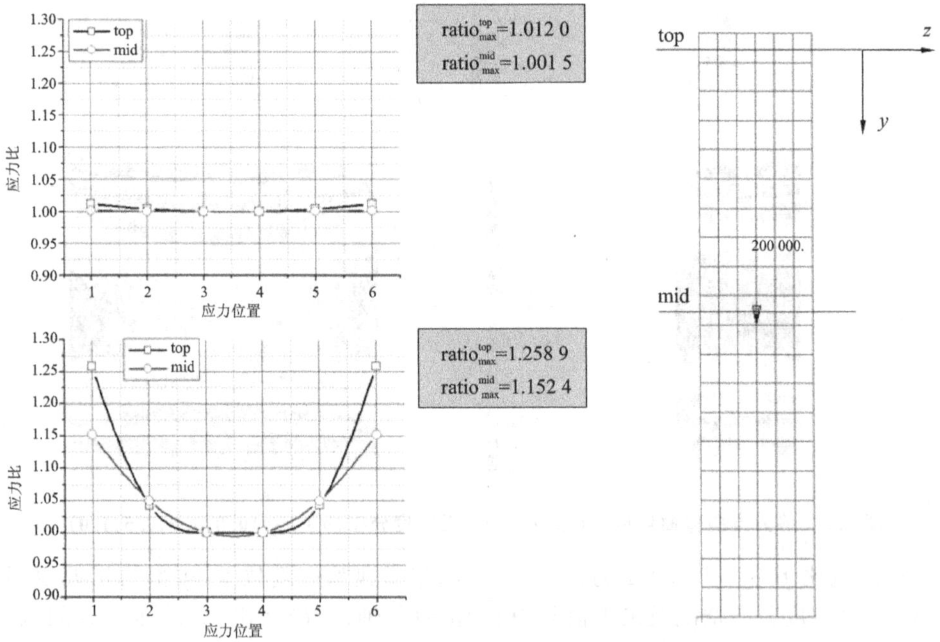

图 5.5　剪力方向弯曲切应力沿宽度分布偏差($h:b=10.0, 1.0$)

为了说明材料力学公式的精度，选取高宽比为 2.5 的模型，将中性轴(0.5H)与半高(0.25H)位置的 $\tau_y(y,z)$进行比较，以材料力学解为标准，其偏差百分比数据如表 5.1 所列。由表 5.1 可知，最大偏差出现在边界，而最小值出现在中心点。

表 5.1　三维有限元数值分析与材料力学解的比较

位　置	最大值	最小值	平均值
0.5H	+2.1%	−1.6%	0.0%
0.25H	+2.7%	−2.1%	0.0%

基本结论：剪力方向弯曲切应力沿宽度方向均匀分布假设的适用范围大致在高宽比为 2.0 时，小于此数值应当考虑偏差的影响。

5.3.2　垂直于剪力方向的弯曲切应力

在矩形截面的外侧边弯曲切应力一定沿剪力方向，其他位置是否存在垂直于剪力方向的弯曲切应力 $\tau_z(y,z)$呢？图 5.6 与图 5.7 给出了不同高宽比(比值与 5.3.1 节相同)矩形截面内 $\tau_z(y,z)$的分布情况。

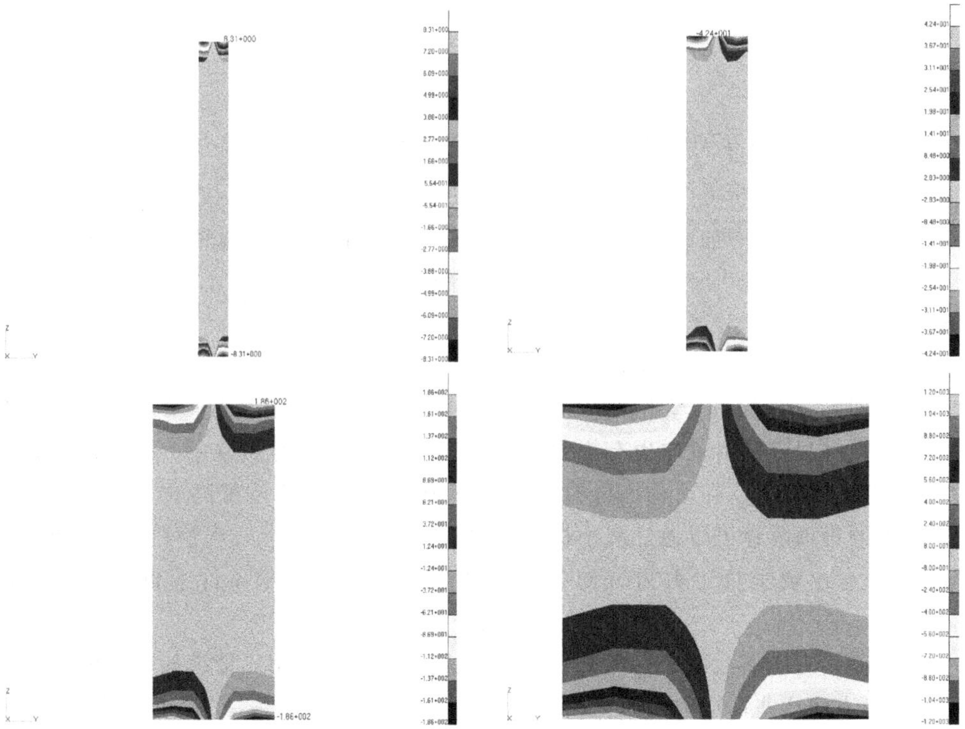

图 5.6　垂直于剪力方向弯曲切应力(单位：kPa)沿宽度分布($h:b$=10.0,5.0,2.5,1.0)

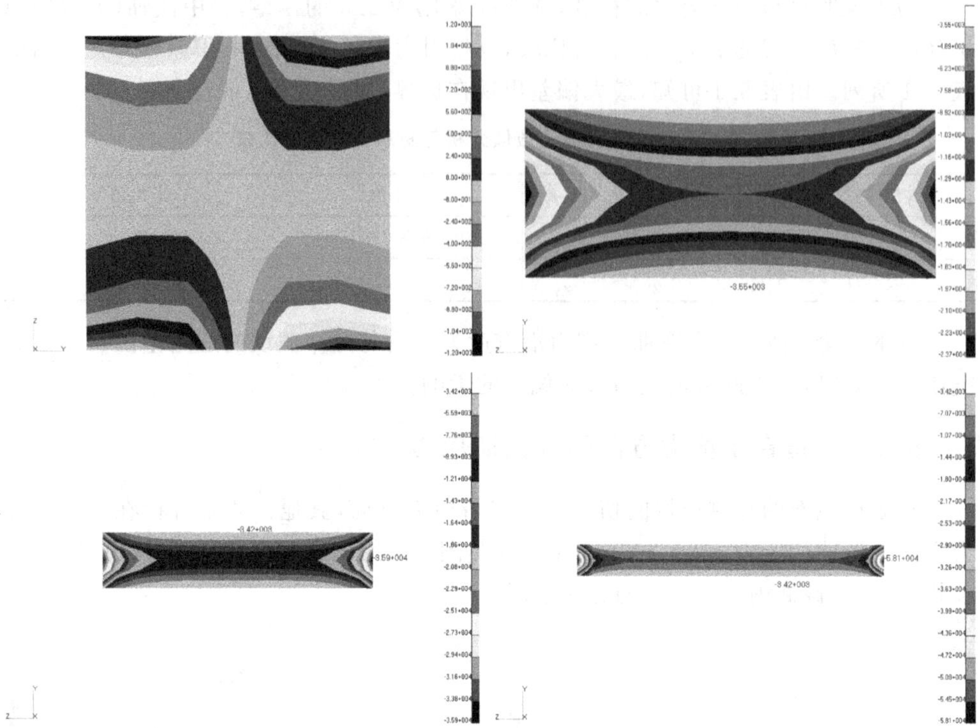

图 5.7　垂直于剪力方向弯曲切应力(单位：kPa)沿宽度分布($h:b$=1.0,0.5,0.25,0.1)

从图中色带分布可以看出，垂直于剪力方向的弯曲切应力不仅存在，而且其分布范围随着宽高比的增加而逐步增大。从分布形式上看，截面对称轴部分的 $\tau_z(y,z)$ 始终为 0，左右、上下均对称分布，应力分布的力合成总效果为 0，满足 z 向力平衡条件。

从机理上看，$\tau_z(y,z)$ 的出现源于变形协调：在横力弯曲中沿轴向不同截面的同一位置(同一 y 坐标)的弯曲正应力(正应变)大小不同，由泊松效应导致的横向(垂直于剪力方向)变形沿轴向也有变化，这种变形模式的协调导致在垂直于剪力的方向上出现弯曲切应力。在对称面位置横向变形为 0，所以这些位置的 $\tau_z(y,z)$ 始终为 0。以上的机理解释可以通过减小材料的泊松比数值加以验证，当泊松比取 0 时，横力弯曲不会出现垂直于剪力方向的弯曲切应力，当然，纯弯条件下也不会出现切应力。

另外，尽管在横截面中存在 $\tau_z(y,z)$，但其与 $\tau_y(y,z)$ 相比量级如何？图 5.8 给出了两个方向弯曲切应力最大值的比较，以 $h:b=1:1$ 为例，二者比值约 7%。正是由于量级上的差异，在矩形截面弯曲切应力分析中没有提及垂直于剪力方向的弯曲切应力 $\tau_z(y,z)$。尽管 $\tau_z(y,z)$ 的最大值远小于 $\tau_y(y,z)$ 的最大值，但值得指出，二者出现最大值的位置并不重合，在四周接近边角处二者可能达到相同的量级，其直观现象是这些位置的弯曲切应力的方向与剪力方向有较大差异。

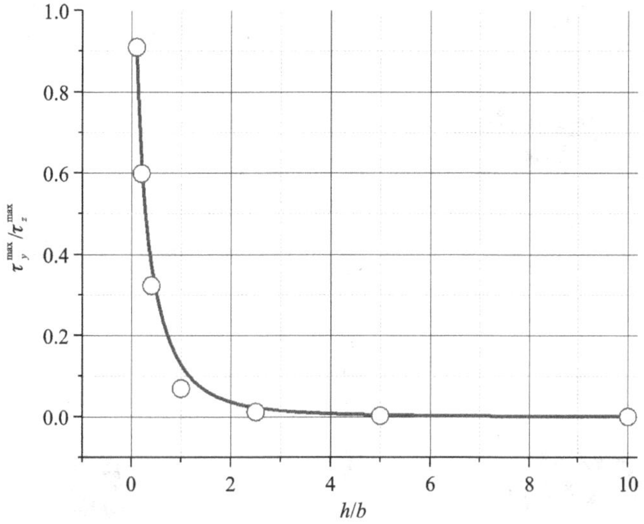

图 5.8　两个方向弯曲切应力最大值之比随高宽比的变化

5.4　其他截面形状的弯曲切应力分布

以上给出了矩形截面直梁横力弯曲状态下弯曲切应力的分布情况。除矩形截面外，图 5.9 与图 5.10 分别给出了另外几种常见截面中沿剪力方向弯曲切应力 τ_y 与垂直于剪力方向弯曲切应力 τ_z 的分布，图 5.11 还给出了二者最大值的比较。可以看出，除矩形截面外，其他截面使用弯曲切应力大小与方向假设是不符合实际情况的，这也是材料力学中仅以矩形截面为例讲授弯曲切应力的主要原因。尽管如此，此处仍须强调：尽管这种分布既不满足沿宽度方向均匀分布的假设，也不满足沿剪力方向的假设，但儒拉夫斯基给出的这种分析模式仍然是正确的，只不过由于没有类似假设，故无法得到一个非常明晰简单的解析解而已。

除此之外，材料力学中经常涉及工字截面梁与 T 形截面梁，为了避免应力过度集中，实际工程结构中的截面形状与教科书中的图形有一定差距。图 5.12 给出了简化工字形截面弯曲切应力的分布，尽管已经进行了圆角过渡处理，但由于应力集中区域的出现，导致应力最大值与最小值差异较大，使用等距划分的色带图弱化了非应力集中区域的应力差异，所以在图中观察沿板厚方向的应力均匀程度不是非常清晰。尽管如此，对于该类薄壁结构，由于其壁厚足够小，故除应力集中区域外，弯曲切应力沿中心线方向并沿板厚均匀分布的假设是完全合理的，并且相对于典型的矩形截面更加精准。

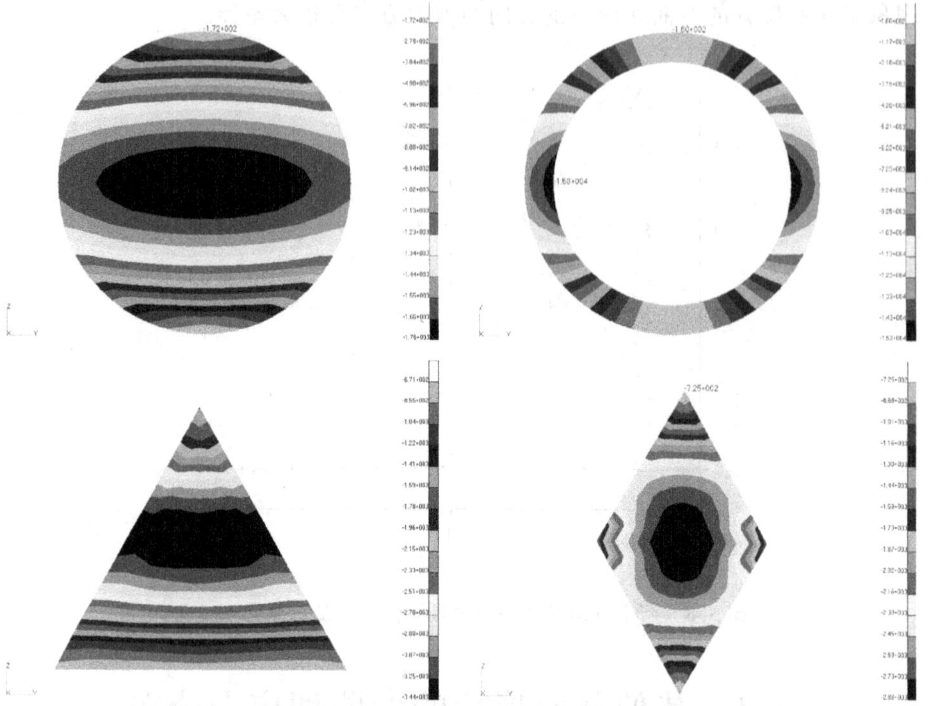

图 5.9　不同截面直梁剪力方向弯曲切应力(单位：**kPa**)的截面分布

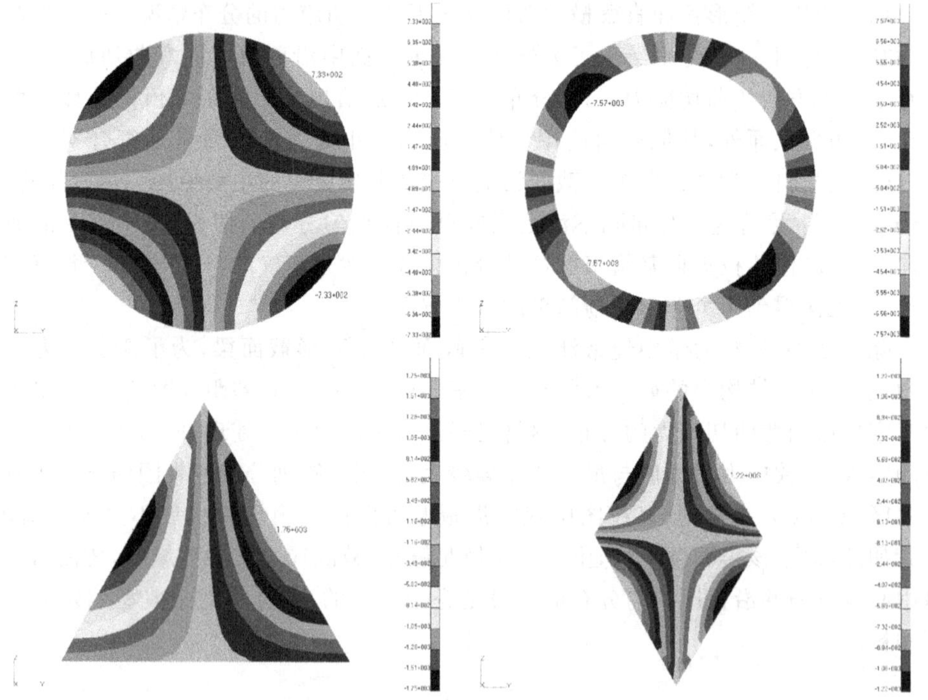

图 5.10　不同截面直梁垂直于剪力方向弯曲切应力(单位：**kPa**)的截面分布

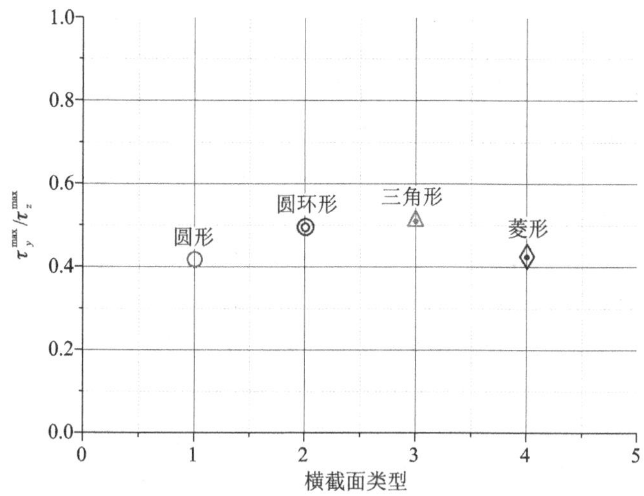

图 5.11　几种典型截面形状中不同方向弯曲切应力最大值的比值

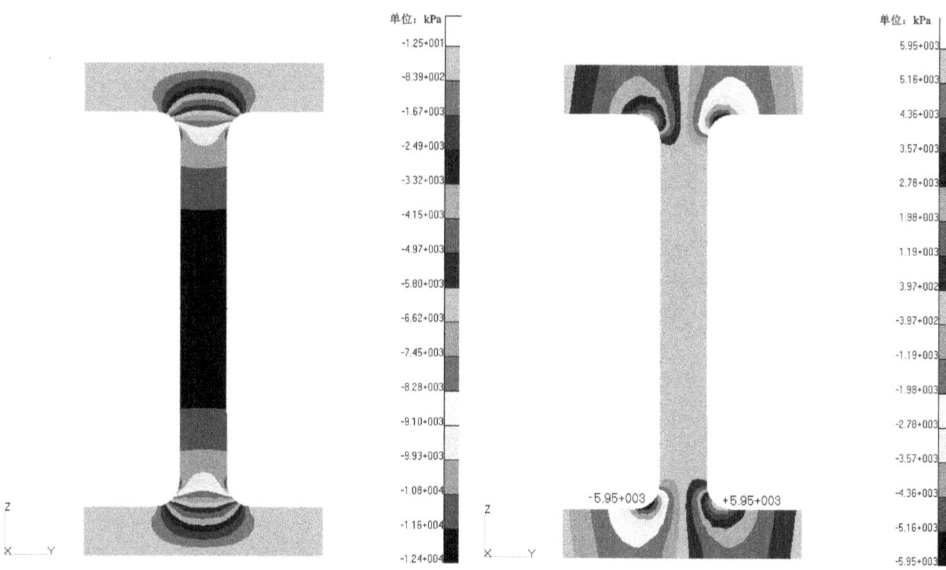

图 5.12　工字形截面中沿剪力方向的弯曲切应力(左)与垂直于剪力方向的弯曲切应力(右)

5.5　小结与建议

矩形截面弯曲切应力的推导是基于截面弯曲切应力大小与方向的假设，采用该模式极大简化了推导过程，其结果在实际工程问题中得到了广泛的应用。但这种假设下得出的结论具有一定的适用范围：

(1) 对于高宽比大于2的矩形截面,沿剪力方向弯曲切应力可以看作均匀分布,除上下边缘角点区域外,大部分位置弯曲切应力的方向沿剪力方向;

(2) 对于绝大部分非矩形实心截面的横力弯曲问题,截面弯曲切应力沿宽度方向均匀性假设与应力方向假设不成立;

(3) 对于薄壁结构,除应力集中区域外,弯曲切应力沿中心线方向并沿壁厚均匀分布的假设是合理与准确的。

认识并理解假设的合理性对于授课教师非常有益,在课堂上讲述相关问题对于开阔学生眼界及全面理解知识点具有非常大的帮助。

本章涉及学生能力培养体系的指标点如表5.2所列。

表5.2 本章学生能力培养体系指标点

能　力	对应的指标点
1. 工程推理和解决问题的能力	1.1 发现问题和系统地表述问题 1.3 估计与定性分析
2. 实验和发现知识	2.1 建立假设 2.3 实验性探索(利用有限元进行数值模拟也称为数值实验)
3. 系统思维	3.3 确定主次与重点 3.4 解决问题时的妥协、判断和平衡
4. 个人能力和态度	4.4 批判性思维

第 6 章　杆件变形的表征

简要说明：材料力学变形分析中给出了拉压、圆轴扭转与弯曲的变形计算公式，该类计算公式的讲解过程及学生使用公式完成习题并无太大的难度。即便如此，少有学生甚至教师能够想到这些公式的内涵是基于平面假设给出的一种三维变形简化表征，或者是一种中间结果。在解决实际问题时如果缺乏该方面的理解，在分析与评估变形(或位移)时容易出现缺项或量级误判。本章内容基于教科书中的文字描述，引导学生认真研读教材，关注问题引入的细节，展示复杂问题的数学表达与简化过程，训练学生养成科学研究的思维模式。

6.1　目的与意义

材料力学的中心任务是解决结构经济性与安全性的矛盾，结构安全性有三大指标：强度、刚度、稳定性，其中刚度问题以变形分析为基础(事实上，稳定性分析也主要与刚度有关)。在材料力学经典教学内容中，三种基本变形模式的变形计算分别是拉压杆件的轴向位移、圆轴绕轴线的转角以及弯曲梁垂直于轴线的横向位移，对应的典型公式分别为

$$\Delta l=\frac{Fl}{EA} \tag{6.1}$$

$$\varphi=\frac{Tl}{GI_P} \tag{6.2}$$

$$w=\frac{Fl^3}{3EI} \tag{6.3}$$

式(6.1)～式(6.3)分别为一端固定一端自由的均匀截面(扭转为圆与圆环截面)直杆在承受轴向载荷 F、轴向力矩 T 以及横向载荷 F 下的自由端轴向位移(拉压变形)、扭转角(扭转变形)以及挠度(弯曲变形)。其中杆件长、宽、高分别为 l、b、h(圆形半径为 r)，E 与 G 分别为材料弹性模量与剪切模量，A、I_P 以及 I 分别为杆件横截面面积、极惯性矩以及(轴)惯性矩。

以上概念与公式均为教师与同学所熟知的内容，这里提出的问题是：

(1) 式(6.1)～式(6.3)表示哪些点、哪个方向的位移(或相对位移)?

(2) 为什么采用这些点、这些方向的位移表征杆件对应的变形?

(3) 这种表征方法对于三种基本变形模式来说是否完备?

如果使用数学的语言表达以上问题，即杆件内任一坐标为(x,y,z)几何点的位移$\{u,v,w\}$是否可以由式(6.1)～式(6.3)导出，即

$$\left.\begin{array}{l}\Delta l\\ \varphi\\ w\end{array}\right\}?\Rightarrow\left\{\begin{array}{l}u(x,y,z)\\ v(x,y,z)\\ w(x,y,z)\end{array}\right.\tag{6.4}$$

厘清以上问题，才可以说明使用式(6.1)～式(6.3)表示杆件变形(或位移)的正确性与准确性，也可以加深学生理解变形公式的内涵，更能培养学生分析问题的能力并训练他们养成科学研究的思维模式。

6.2　三种基本变形模式中变形的表征

6.1节中第一个问题比较简单，式(6.1)～式(6.3)中Δl，φ与w均为杆件轴线点的位移(或相对位移，即变形)，分别沿轴线方向，绕轴线方向以及垂直于轴线方向。

如果考虑到材料力学的研究对象为杆件——一个方向的尺寸远大于另外两个方向的尺寸，在分析中把杆件简化为一维直线，似乎可以解释为什么采用以上的表达式。但在材料力学的应力与应变分析中均采用三维微体(有时为了视觉清晰采用二维图像)，其分析对象并不是一条线。

事实上，材料力学教材的变形分析中针对该问题有相关论述，只是由于这部分内容散布在不同段落中，故容易为读者忽视，下面分别进行论述。

6.2.1　弯曲模式的变形表征

之所以首先论述弯曲模式，在于该部分的相关论述在教科书中最为集中，也最为典型，在此基础上讨论拉压变形与扭转变形属于“退化”模式，也可以使本章内容的编排显得更为简洁。

各经典教材在弯曲变形部分均有一段引言或论述，此处以单辉祖编写的教材为例[3]，图6.1所示为该部分论述的截图。该部分文字并不复杂，公式也很简单，但其中的内涵比较丰富，少有学生甚至教师能够充分把握相关逻辑。下面根据图6.1中的标注分别解释。

标注①的段落中：

(1)“在外力作用下，梁的轴线由直线变为曲线。变弯后的梁轴，称为挠曲轴，它是一条连续而光滑的曲线。”——前一句是实验现象观察与结论，后一句是定义与性质，该性质作为后续求导的基础；

(2)“如果作用在梁上的外力均位于梁的同一纵向对称面，则挠曲轴为一平面曲线，并位于该对称面内。”——这是一个结论，对于变形表征问题该结论是其中一环，即“挠曲轴为一平面曲线”，一条平面曲线理论上只需要两个参数就可以表征。

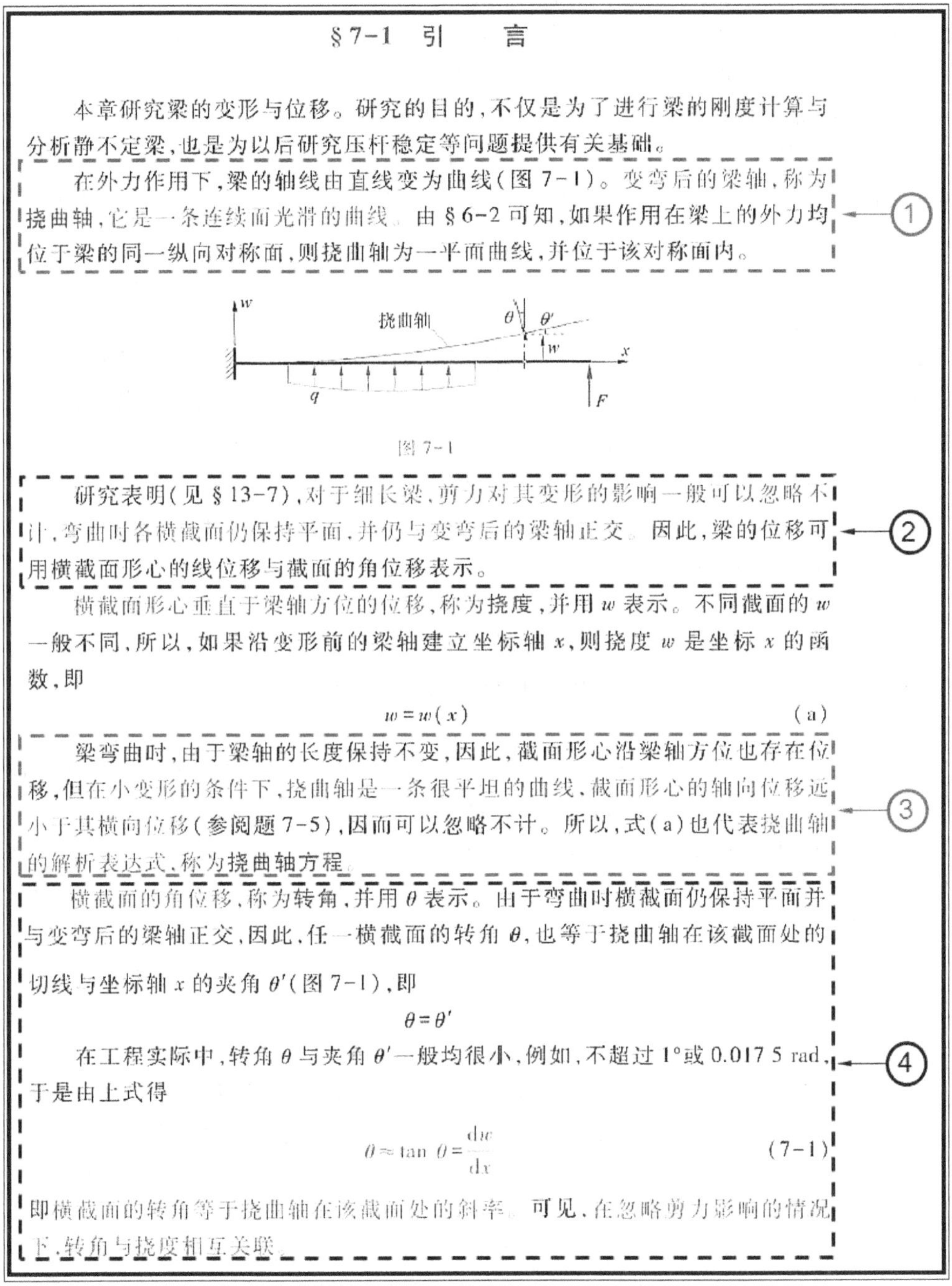

§7-1 引　　言

本章研究梁的变形与位移。研究的目的，不仅是为了进行梁的刚度计算与分析静不定梁，也是为以后研究压杆稳定等问题提供有关基础。

在外力作用下，梁的轴线由直线变为曲线（图 7-1）。变弯后的梁轴，称为挠曲轴，它是一条连续而光滑的曲线。由 §6-2 可知，如果作用在梁上的外力均位于梁的同一纵向对称面，则挠曲轴为一平面曲线，并位于该对称面内。

图 7-1

研究表明（见 §13-7），对于细长梁，剪力对其变形的影响一般可以忽略不计，弯曲时各横截面仍保持平面，并仍与变弯后的梁轴正交。因此，梁的位移可用横截面形心的线位移与截面的角位移表示。

横截面形心垂直于梁轴方位的位移，称为挠度，并用 w 表示。不同截面的 w 一般不同，所以，如果沿变形前的梁轴建立坐标轴 x，则挠度 w 是坐标 x 的函数，即

$$w = w(x) \tag{a}$$

梁弯曲时，由于梁轴的长度保持不变，因此，截面形心沿梁轴方位也存在位移，但在小变形的条件下，挠曲轴是一条很平坦的曲线，截面形心的轴向位移远小于其横向位移（参阅题 7-5），因而可以忽略不计。所以，式（a）也代表挠曲轴的解析表达式，称为挠曲轴方程。

横截面的角位移，称为转角，并用 θ 表示。由于弯曲时横截面仍保持平面并与变弯后的梁轴正交，因此，任一横截面的转角 θ，也等于挠曲轴在该截面处的切线与坐标轴 x 的夹角 θ'（图 7-1），即

$$\theta = \theta'$$

在工程实际中，转角 θ 与夹角 θ' 一般均很小，例如，不超过 1°或 0.017 5 rad，于是由上式得

$$\theta \approx \tan\theta = \frac{dw}{dx} \tag{7-1}$$

即横截面的转角等于挠曲轴在该截面处的斜率。可见，在忽略剪力影响的情况下，转角与挠度相互关联。

图 6.1　材料力学教材中弯曲变形的引言截图[3]

标注②的段落中：

(1)“研究表明，对于细长梁，剪力对其变形的影响一般可以忽略不计，弯曲时各横截面仍保持平面，并仍与变弯后的梁轴正交。”——这一句是结论，表明将纯弯平面假设推广至横力弯曲，此为标注④论述的基础；

(2)“因此，梁的位移可以用横截面形心的线位移与截面的角位移表示。”——对于变形表征问题该结论也是其中一环，即三维物体的变形可以使用一条曲线上各点(横截面形心)的线位移＋角位移表征，对于单方向对称弯曲，线位移有两个方向(横向＋轴向)，角位移有一个方向。

标注③的段落中：

(1)“梁弯曲时，由于梁轴的长度保持不变，因此，截面形心沿梁轴方位也存在位移，但在小变形的条件下，挠曲轴是一条很平坦的曲线，截面形心的轴向位移远小于其横向位移，因而可以忽略不计。”——这段解释了为什么可以忽略轴线各点的轴向位移，其作为弯曲变形表征的作用是把标注②中轴线点两个方向线位移减少到一个方向，即垂直于轴线方向的位移，也就是挠度；

(2)“所以，式(a)也代表挠曲轴的解析表达式，称为挠曲轴方程。”——这是一个定义，说明挠曲轴方程的来历。

标注④的段落中：

(1)“横截面的角位移……由于弯曲时横截面仍保持平面并与变弯后的梁轴正交……$\theta=\theta'$”——这一段表述利用平面假设获得角位移几何关系，该性质是后续结论的基础；

(2)“在工程实际中，转角 θ 与夹角 θ' 一般均很小……即横截面的转角等于挠曲轴在该截面处的斜率。可见，在忽略剪力影响的情况下，转角与挠度相互关联。”——这是利用角度代替正切获得的结论，最后的一句话是变形表征问题的一个环节，“转角与挠度相互关联”表示标注②中的角位移可以用垂直于轴线的线位移表示，又减少了一个参量；

以弯曲变形表征的思路，我们可以按照逻辑关系重新整理，其表述顺序为②→④→①→③，简洁表述为：

- ②：三维物体弯曲形变⇒一条曲线＋平面转角可表征；←平面假设推广
- ④：一条曲线＋平面转角可表征⇒一条曲线可表征；←转角关联挠度
- ①：一条曲线可表征⇒平面曲线可表征(两个方向位移)；←对称弯曲性质
- ③：平面曲线可表征(两个方向位移)⇒平面曲线可表征(一个方向位移)。←小变形条件下简化

中心思想：使用形心轴垂直位移(挠度)可以表征三维梁的弯曲位移(变形)，如果梁轴线方向为 x 轴，即

$$\left.\begin{aligned} u(x,y,z) \\ v(x,y,z) \\ w(x,y,z) \end{aligned}\right\} \Rightarrow w(x,0,0) \tag{6.5}$$

以上的文字叙述也可以使用数学推导来表述，由于上述文字模式为正向方式，故下面使用逆向方式，即基于 $w(x,0,0)$ 推导 u,v,w 的表达。

图 6.2 所示为弯曲梁结构与坐标系示意图(为了显示清晰，图中梁长度方向尺寸绘制较短)，在图 6.2 所示坐标系下，$w(x,0,0)$ 为梁轴 O_1O_2 各点 z 向平动位移。

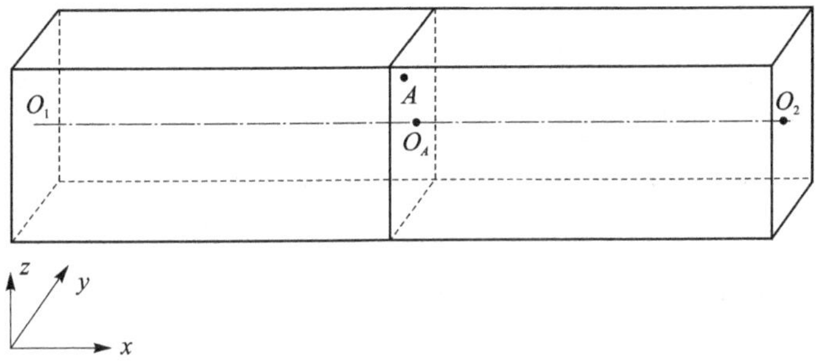

图 6.2　弯曲梁结构与坐标系示意图

(1) 首先，在小变形条件下，梁内任意一点 A 的 z 向位移 w_A 与同一横截面形心点 O_A 的 z 向位移 w_{O_A} 近似相等，其原因在于尽管 w_A 与 w_{O_A} 有差异，但在弯曲变形中同一截面的挠度差异远小于轴线点的挠度，即 $|w_{O_A}| \gg |w_{O_A} - w_A|$，由此可获得 $w(x,y,z) \approx w(x,0,0)$。另外，即使需要考虑这种差异，使用下面提及的绕 y 轴刚体转动与泊松效应，相对位移 $w_{O_A} - w_A$ 可以获得更为精准的表征。

(2) 其次，根据上述标注③中的结论，$u(x,0,0) \approx 0$，即轴线各点的轴向位移近似为 0。对于任一横截面，除轴线点所在中性轴位置外，各点的 x 向位移 $u(x,y,z)$ 可以基于横截面的转角 θ 获得(见图 6.3)，而 θ 与挠曲轴方程有关，即 $\theta = \mathrm{d}w/\mathrm{d}x$。所以由 $w(x,0,0) \Rightarrow u(x,y,z)$，同时获得轴向正应变 $\varepsilon_x(x,y,z)$。另外，由于横截面绕 y 轴刚体转动造成 z 向有刚体位移，该刚体位移相对轴线点的 $w(x,0,0)$ 也是小量，如果需要更为精准的 $w(x,y,z)$ 可以计入该效果，此为 $w_{O_A} - w_A$ 的一部分。

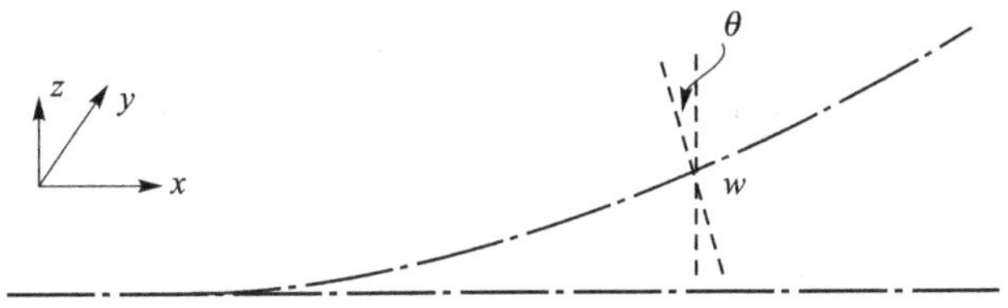

图 6.3　梁轴线弯曲变形示意图

(3) 再次，由 $\varepsilon_x(x,y,z)$ 与各点坐标位置，根据泊松效应可获得 y 向位移 $v(x,y,z)$ 与 z 向相对轴线点的位移 $\Delta w(x,y,z)$，即上述的 $w_{O_A}-w_A$ 的另一部分。

综上，可以看到

$$w(x,0,0)\Rightarrow\begin{cases}u(x,y,z)\\v(x,y,z)\\w(x,y,z)\end{cases}\tag{6.6}$$

这是按照逆向模式，即基于 $w(x,0,0)$ 推导 u,v,w 表达式的逻辑过程。

以上使用正向与逆向模式展示了梁内任意点各方向位移与轴线点横向位移(挠度)的关系，表明使用梁轴的挠度 w(式(6.3))表征三维梁结构的弯曲位移(变形)是完备的，前提是小变形假设。之所以使用轴线点挠度表征三维结构的弯曲变形，是因为这是一种极简表达模式，即使用最少的参量表征弯曲变形的主要特征。

6.2.2 拉压模式的变形表征

以上述弯曲梁变形表征的思路为基础，拉压模式的变形表征非常简单。借用图6.2，Δl 表达的(式(6.1))实际上就是杆件轴线不同点 $u(x,0,0)$ 的相对值，以此为出发点说明 $u(x,0,0)\Rightarrow\{u,v,w\}$。

首先，根据拉压杆的平面假设，横截面各点的轴向位移相同，即 $u(x,y,z)=u(x,0,0)$，同时获得轴向正应变 $\varepsilon_x(x,0,0)$ 或 $\varepsilon_x(x,y,z)$；

其次，由泊松效应可得横向正应变 $\varepsilon_y(x,y,z)$ 与 $\varepsilon_z(x,y,z)$，结合各点位置坐标，获得 $v(x,y,z)$ 与 $w(x,y,z)$。综上

$$u(x,0,0)\Rightarrow\begin{cases}u(x,y,z)\\v(x,y,z)\\w(x,y,z)\end{cases}\tag{6.7}$$

6.2.3 圆轴扭转模式的变形表征

为了便于说明圆轴扭转模式的变形表征，使用如图6.4所示的柱坐标系，圆轴扭转变形公式中的 φ 就是圆轴轴线绕 z 轴的转动位移，记为 $\varphi(0,0,z)$(为了遵守常规柱坐标系习惯，此处轴向使用了 z 向，如果依照材料力学习惯应记为 x 方向，但使用 x 标注轴向导致 $\varphi(x,0,0)$ 与柱坐标表示习惯不符，容易引发误解)，图中 A 代表圆轴内任意一点。

首先，根据圆轴扭转的平面假设，轴向无变形，径向无变形，所以 $u_z(r,\theta,z)=0$，$u_r(r,\theta,z)=0$；

其次，仍然依据平面假设，横截面内刚性转动，所以 $u_\theta(r,\theta,z)=r\varphi(0,0,z)$。综上

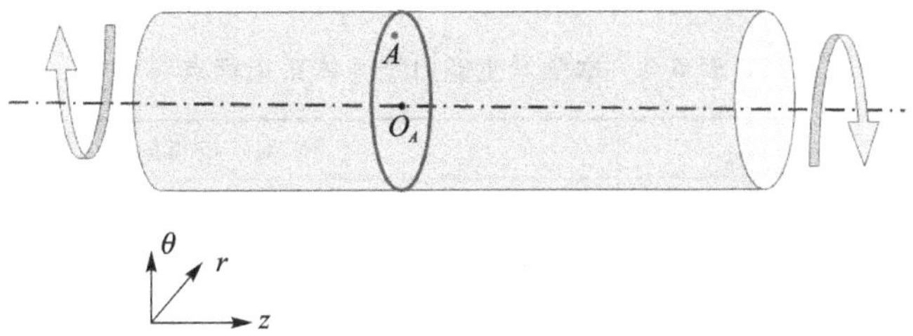

图 6.4　圆轴扭转变形示意图

$$\varphi(0,0,z) \Rightarrow \begin{cases} u_r(r,\theta,z) \\ u_\theta(r,\theta,z) \\ u_z(r,\theta,z) \end{cases} \tag{6.8}$$

6.3　小结与建议

以上论述表明：无论拉压、圆轴扭转还是弯曲，教科书中列出的变形公式均为杆件轴线上的点沿某一方向的位移(变形)，使用该位移(变形)可完整表达结构内部任意一点沿任意方向的位移，这就是所说的变形“表征”问题。其共同的特点是在合理简化假设下，采用最少的参数来表征变形模式，所以我们称之为极简参数模式。

事实上，对于复杂的工程实际问题，建立物理模型和对应的数学表达是非常重要的工作。一般而言，工程问题可能涉及众多影响因素，在方程中将出现多个参量，如何简化方程或表达式以获得清晰明确的因果关系对于问题的解决非常关键。

在该领域中常常采用以下两种方式简化分析过程：

(1) 量纲分析方法，根据物理量所必须具有的形式来分析判断事物间数量关系所遵循的一般规律。通过量纲分析可以检查反映物理现象规律的方程在计量方面是否正确，甚至可提供寻找物理现象某些规律的线索，该方法对于确定规律性表征和选取敏感性分析参数非常重要；

(2) 简化假设方法，利用问题的特点(包括假设条件与量级估计)，忽略某些参量，或者使用部分参量表征其他参量，获得“极简”参数表达，这是本章内容所阐述的“表征”问题。该方法不仅在材料力学中多次出现，还是一种常见的研究问题的通用方式。

另外，进行三种基本变形的量级比较，对于已经完成三种变形章节学习的学生是有益的：一方面，对比分析是加深理解、构建知识体系的经典方法；另一方面，该部分的对比分析对于理解各类测试传感器原理及设计类似于柔性器件与超材料有极大帮助，本书第 10 章涉及部分内容的讨论，此处不再赘述。

本章涉及学生能力培养体系的指标点如表 6.1 所列。

表 6.1　本章学生能力培养体系指标点

能　力	对应的指标点
1. 工程推理和解决问题的能力	1.1 发现问题和系统地表述问题 1.2 建模 1.3 估计与定性分析 1.5 解决方法与建议
2. 实验和发现知识	2.1 建立假设 2.4 假设检验与答辩
3. 系统思维	3.2 系统的显现和交互作用 3.3 确定主次与重点 3.4 解决问题时的妥协、判断和平衡
4. 个人能力和态度	4.4 批判性思维

第7章　理解压杆稳定性的内涵

简要说明：压杆稳定性部分在材料力学教学内容中占比较小，但作为稳定性类型，其在安全性指标分类中“三分天下”。与强度和刚度问题在拉压、扭转、弯曲章节中被反复强化不同，稳定性问题独立成章，与前后章节似乎关联不密切，加之临界载荷的分析基于微分方程解的存在条件也与强度和刚度的定解问题完全不同，所以学生学习时对其内涵缺乏清晰理解。为了阐述弹性压杆稳定性的内涵，本章从力矩平衡视角来展示压杆稳定性问题中各力矩的变化，便于“搭接”学生已有的物理概念；利用刚杆-碟形弹簧模型讨论压杆稳定性的刚柔渐近，揭示两种压杆稳定性模型的关联和弹性压杆稳定性临界载荷的物理意义。

7.1　目的与意义

在材料力学课程体系中，作为结构安全性三大指标之一的稳定性是以压杆稳定性，特别是临界载荷的求解为主要教学内容。教学内容除稳定性现象描述外，还包括刚杆-弹簧系统的稳定性分析，两端铰支细长压杆临界载荷的推导与讨论，两端非铰支细长压杆临界载荷推导与比拟，中、小柔度压杆临界应力，压杆稳定条件与合理设计等。

在多年的教学实践中笔者发现：在所有稳定性教学内容中，同学们在临界载荷公式应用方面掌握较好，但在解释什么是压杆失稳及为什么会失稳的问题时往往不能准确描述，这反映出学生在理解压杆稳定性的机理方面有欠缺。究其原因，一方面与强度和刚度分析在拉压、扭转、弯曲章节中被重复强化不同，稳定性分析教学内容较少、重复度不够，所以理解不充分；另一方面稳定性分析属于特征值问题，其分析方法与强度和刚度所归属的定解问题(响应问题)差异较大。以上的原因造成学生们普遍对压杆稳定性章节有一种“雾里看花”的感觉，因此找寻一种学生们熟知的分析模式或基于已有理论基础的教学方法非常必要。

事实上，除了弹性压杆稳定性的分析过程，学生对于刚杆-弹簧系统稳定性问题，以及为了讲述方便而引入的刚性小球在凹面内(凸面外)稳定性问题(见图7.1)的认知并无障碍：

(1) 对于刚性小球的稳定性问题，从力平衡的角度出发，当小球偏离平衡点 A 后，凹曲面内小球所受合力始终指向平衡位置；而凸曲面外小球所受合力始终背离平衡位置 B，所以平衡点稳定性的机理一目了然；

(2) 对于刚杆-弹簧系统轴向受压稳定性问题(见图7.2)，基于中学就已经熟悉

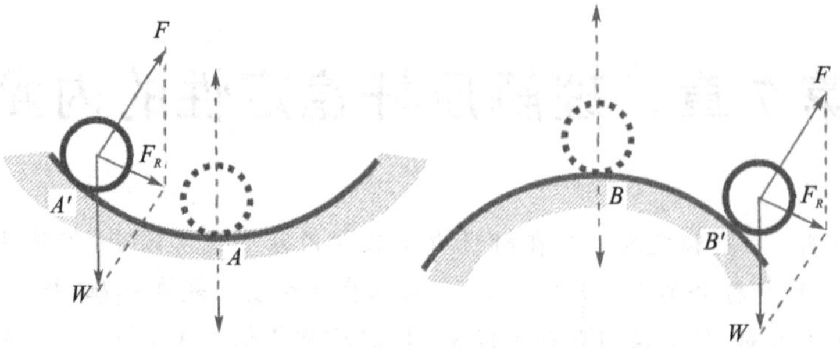

图 7.1　刚性小球凹凸曲面平衡稳定性示意图

的力(矩)平衡的知识,也能迅速领会驱动力矩 $F\delta$ 与恢复力矩 $k\delta l$ 的相互关系决定刚杆-弹簧系统直线平衡状态稳定性的机理,这与刚性小球平衡点稳定性分析一脉相承,即均为力(矩)平衡关系的视角,并且这种基于中学或大学物理课程的力(矩)平衡分析模式很容易被学生们接受与掌握。

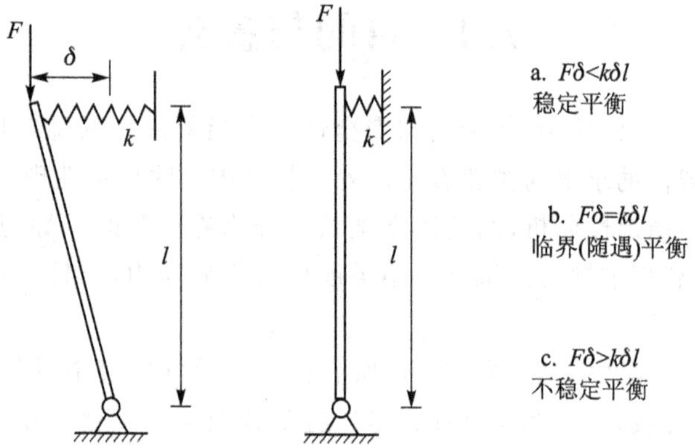

图 7.2　刚杆-弹簧压杆平衡稳定性示意图

在两端铰支弹性细长压杆稳定性分析过程中,利用梁的挠曲轴近似微分方程,带入微弯临界状态下弯矩表达式,通过边界条件与解的存在条件确定临界载荷,此过程中并未明显涉及熟知的力(矩)平衡,而是借用了常微分方程的解算模式,致使解答(临界载荷)的物理含义不明晰。后续讲解临界载荷 $F_{cr}=\pi^2 EI/l^2$ 属于结构的固有特性时,尽管学生们基于表达式的形式可以接受这一结论,但讲解中物理本质的缺失是学生理解弹性压杆稳定性机理的主要障碍。

如果在讲述弹性压杆的稳定性问题时,仍基于力(力矩)平衡的视角进行分析,不仅便于学生理解与掌握细长弹性压杆稳定性的机理,也可以使讲授内容的编排更加体系化。

7.2 弹性压杆稳定性问题的力(矩)平衡视角

事实上，在两端铰支弹性细长压杆分析过程中也有驱动力矩与恢复力矩的分类：在微弯临界状态下研究分离体平衡条件(见图7.3)，由此获得内力分量的弯矩 M 与外力矩 Fw 的关系，其中弯矩 M 即为恢复力矩，而外力矩 Fw 为驱动力矩。尽管这种讲述方式也被部分教师采用，但相比刚杆-弹簧系统中恢复力矩 $k\delta l$ 明确的物理含义，弹性压杆恢复力矩 M 与结构几何尺寸和材料有何关系并不明确，导致该种讲述方式失去阐述内在机理的价值。

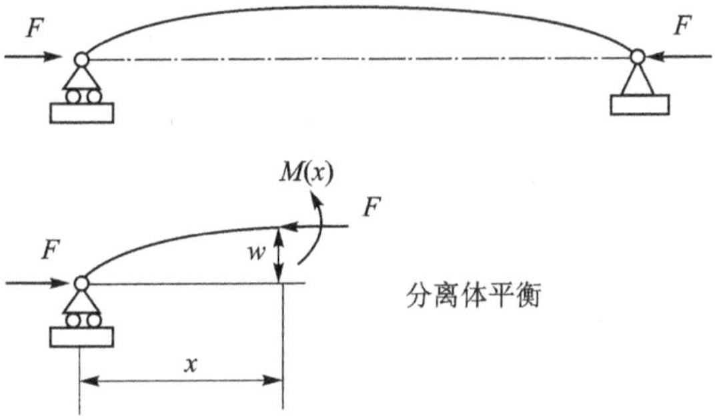

图7.3 弹性压杆平衡稳定性分析状态与力平衡图

这里提出一种方法修补该缺陷，建议在基本内容讲述完成后对分析内容进行另一种模式的回顾：当弹性压杆处于微弯临界状态时，利用挠曲轴近似微分方程与挠度解的形式：

因为 $$M=EIw'',\quad w=A\sin\frac{\pi}{l}x \tag{7.1}$$

所以 $$M=-EI\left(\frac{\pi}{l}\right)^2A\sin\frac{\pi}{l}x=-\frac{\pi^2EI}{l^2}w \tag{7.2}$$

为了形象化表征各力矩变化与相互关系，此处使用图7.4所示弹性压杆系统中的各力矩变化，图中横轴表示外加轴向压力 F，纵轴表示力矩。

(1) 当杆件偏离初始直线平衡位置时，图中 OA_1 直线表示随着轴向压力 F 的增加，$x=x_1$ 截面(任意轴向位置)驱动力矩 $Fw(x_1)$ 呈线性增长；而恢复力矩 $M=\frac{\pi^2EI}{l^2}w(x_1)$ 与外加轴向压力 F 无关，所以呈水平直线(图中 B_1C_1)(式(7.2)中负号表示恢复力矩 M 与驱动力矩方向相反，为了便于画图，图中数据为绝对值)。两线相交点 D_1 表征临界状态，其交点对应的横坐标即为临界载荷 $F_{cr}=\frac{\pi^2EI}{l^2}$。

(2) 图中 F_{cr} 左侧箭头表示当外加轴向压力 $F<F_{cr}$ 时，线段 B_1D_1 位于 OD_1 之上，即恢复力矩大于驱动力矩，压杆将回到原始直线平衡位置；同理，F_{cr} 右侧箭头表

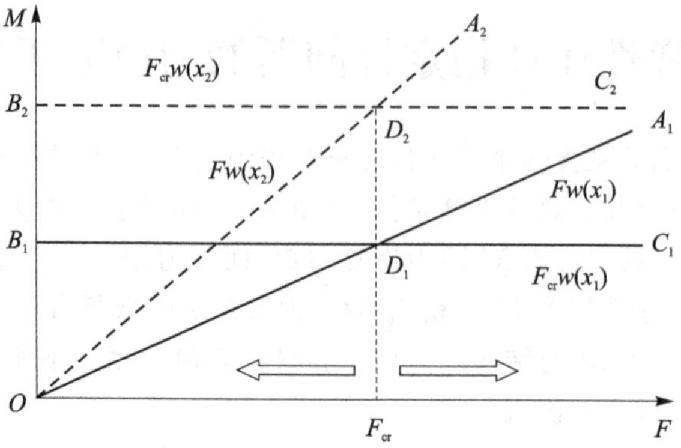

图 7.4 弹性压杆系统的力矩变化

示外加轴向压力 $F > F_{cr}$ 时，恢复力矩小于驱动力矩（线段 D_1C_1 位于 D_1A_1 之下），压杆无法回到原始直线平衡位置。

(3) 当然也可以取不同的轴向位置 $x = x_2$，情况是完全类似的：OA_2 表示驱动力矩 $Fw(x_2)$，B_2C_2 表示恢复力矩 $\frac{\pi^2 EI}{l^2} w(x_2)$，两线相交点 D_2 所对应的临界载荷仍为 F_{cr}。

刚杆-弹簧系统驱动力矩 $F\delta$ 与恢复力矩 $kl\delta$ 的相互关系与弹性压杆系统完全类似（见图 7.5），图中 δ_i 均表示压杆上端部水平位移。同样，当刚杆在扰动下偏离平衡位置时，驱动力矩 $F\delta_i$ 随轴向外载 F 的增加而线性增长，但弹簧力矩 $k\delta_i l$ 并不随轴向外载 F 的变化而变化，两条直线的交点就是临界载荷。图中箭头标注及不同偏离位置的结果与图 7.4 完全一致，此处不再赘述。

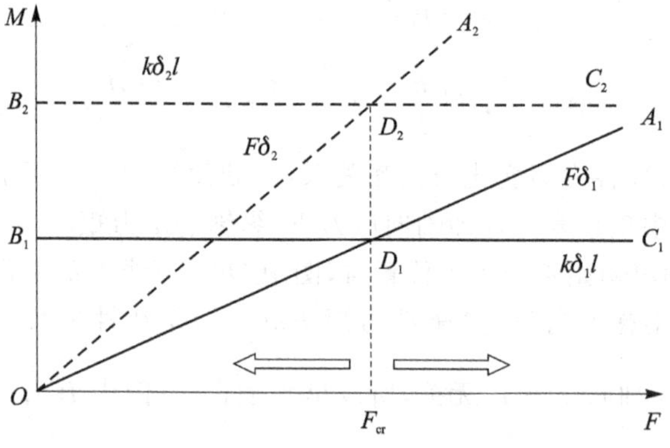

图 7.5 刚杆-弹簧系统的力矩变化

沿袭力（矩）平衡的视角，采用该类图线可以展示驱动力矩与恢复力矩的关系、临界载荷的来历，以及外力小于或大于临界载荷时系统的状态，为帮助学生理解弹性压杆稳定性机理提供了一种方法。

以上的分析模式从形式上统一了刚杆-弹簧系统与弹性压杆系统失稳机理，但相比于刚杆-弹簧系统恢复力矩的来源，弹性压杆系统的恢复力矩源于挠曲轴近似微分方程与挠度解的形式，也许学生感觉上有些“陌生”或者“不直接”。更重要的是，相比前者临界载荷 kl 作为系统固有特性的物理本质，后者临界载荷 $\pi^2 EI/l^2$ 不易理解：尽管从直观感受上，结构抵抗失稳的能力与刚度成正比，与杆长度成反比是合理的，但比例的方次，包括系数大小，以及 $\pi^2 EI/l^2$ 从总体形式上与结构的什么性质直接关联并不明显。讲述内容中刚杆-弹簧系统与弹性压杆系统两种稳定性问题还是相对独立的，这是以上方法的“缺憾”。

7.3　压杆稳定性问题的刚柔渐近

为了弥补 7.2 节方法中的“缺憾”，这里首先介绍一个典型题目（见图 7.6），该题目在许多教科书中作为例题或习题出现[3,5,23]。

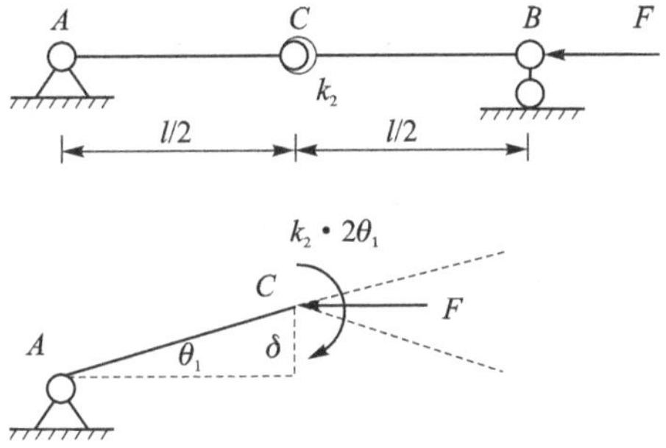

图 7.6　双刚杆＋线性碟簧系统稳定性问题示意图

双刚杆＋线性碟簧（螺旋弹簧）系统临界载荷的解算是非常简单的，考虑微扰临界状态下分离体刚杆 AC 的平衡

$$F_{cr}\frac{l}{2}\sin\theta_1 = k_2\cdot 2\theta_1 \tag{7.3}$$

则

$$F_{cr} = \frac{4k_2}{l}\frac{\theta_1}{\sin\theta_1} \approx \frac{4k_2}{l} \tag{7.4}$$

在双刚杆模型的基础上进行扩展，使用相同的方法可以解算多刚杆＋线性碟簧模型的临界载荷，对于三刚杆模型（见图 7.7），根据对称性，CD 杆处于水平位置，其力平衡分析与双刚杆模型相同，即

$$F_{cr}\frac{l}{3}\sin\theta_1 = k_3\theta_1 \tag{7.5}$$

$$F_{cr} = \frac{3k_3}{l}\frac{\theta_1}{\sin\theta_1} \approx \frac{3k_3}{l} \tag{7.6}$$

四刚杆模型（见图 7.8）须考虑 AC 杆与 CD 杆的平衡，即

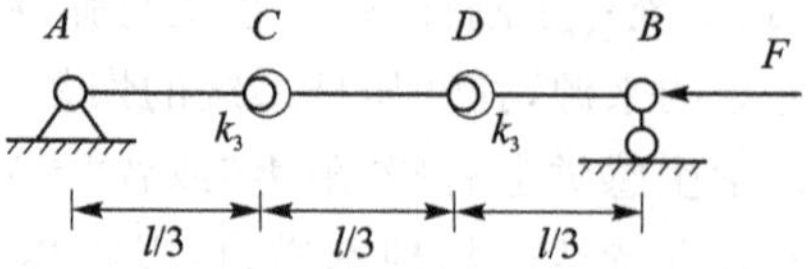

图 7.7　三刚杆+线性碟簧系统稳定性问题示意图

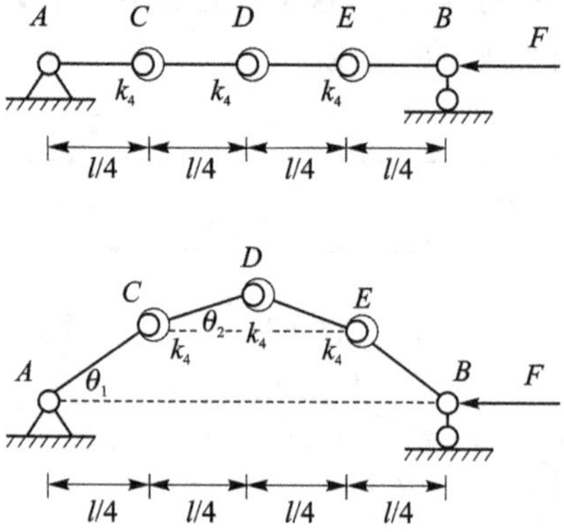

图 7.8　四刚杆+线性碟簧系统稳定性问题示意图

$$F_{cr}\frac{l}{4}\sin\theta_1 = k_4(\theta_1 - \theta_2) \tag{7.7a}$$

$$F_{cr}\frac{l}{4}\sin\theta_2 + k_4(\theta_1 - \theta_2) = k_4 \cdot 2\theta_2 \tag{7.7b}$$

联立可得 θ_1 与 θ_2 的关系

$$\frac{\theta_1 - \theta_2}{\sin\theta_1} = \frac{3\theta_2 - \theta_1}{\sin\theta_2} \tag{7.8}$$

可解得 $\theta_2/\theta_1 = \sqrt{2} - 1$，即

$$F_{cr} = \frac{4(2-\sqrt{2})k_4}{l}\frac{\theta_1}{\sin\theta_1} \approx \frac{4(2-\sqrt{2})k_4}{l} \tag{7.9}$$

更多杆件模型均可参照以上的平衡条件解出，另外也可利用最小势能原理，采用变分方法简化分析，以下给出各模型的势能表达式

$$\Pi_2 = 2k_2\theta_1^{\ 2} - F_{cr}l(1 - \cos\theta_1) \tag{7.10a}$$

$$\Pi_3 = k_3\theta_1^{\ 2} - F_{\rm cr}\frac{2l}{3}(1-\cos\theta_1) \tag{7.10b}$$

$$\Pi_4 = k_4(\theta_1-\theta_2)^2 + 2k_4\theta_2^{\ 2} - F_{\rm cr}l\left(1-\frac{\cos\theta_1}{2}-\frac{\cos\theta_2}{2}\right) \tag{7.10c}$$

各式中 Π 的下标表示杆件数目，对 θ_i 变分即可得到平衡方程，这里不再详述。

观察式(7.4)、式(7.6)、式(7.9)等系列结果并将其按顺序排列，可以看出它们在形式上完全相似，临界载荷均与线性碟簧刚度成正比，与刚杆长度成反比。考虑到图中蝶形弹簧刚度 k_i 的物理含义是相邻两刚杆产生相对单位转角所需要的力矩，如果关联到弹性梁弯曲变形中集中弯矩产生的弯曲角，有

$$\theta = \frac{Ml}{EI} \Rightarrow k_i = \frac{M}{\theta} = \frac{EI}{l_i} \tag{7.11}$$

式中，$l_i = l/i$。带入各模型临界载荷公式中整理成为统一的模式可得

$$F_{\rm cr} = a_i\frac{EI}{l^2} \tag{7.12}$$

式中 a_i 的数值如表 7.1 所列。

表 7.1　a_i 数值表

杆　数	2	3	4	5	6	…	n
a_i	8.00	9.00	9.37	9.55	9.65	…	π^2?

随着杆件数目的增加，依据式(7.12)与表 7.1 中数据可以猜测 a_i 的发展趋势，对照细长弹性压杆的欧拉公式，a_i 是否有可能趋近 $\pi^2 \approx 9.87$?

事实上，我们可以证明这一点：对于总长 l 等分为 i 段($i\to\infty$)的刚杆+线性碟簧模型(见图 7.9)，考虑对称性取左半部分为研究对象(为方便画图不妨设 i 为偶数)，则

$$F_{\rm cr} \times A = k_i \times 2\theta_{i/2} \tag{7.13}$$

$$F_{\rm cr} = 2k_i\theta_{i/2}/A \tag{7.14}$$

沿用形状函数 $A\sin(\pi x/l)$，极限状态下中点附近弯曲角非常小，利用小变形假设

$$\theta_{i/2} \approx \sin\theta_{i/2} = B/l_i = \frac{A}{l_i}\left[1-\sin\frac{\pi}{l}\left(\frac{i}{2}-1\right)\frac{l}{i}\right] = \frac{A}{l_i}\left(1-\cos\frac{\pi}{i}\right) \tag{7.15}$$

$$F_{\rm cr} = \frac{2k_i}{A}\frac{A}{l_i}\left(1-\cos\frac{\pi}{i}\right) = 2i^2\left[1-\left(1-\frac{1}{2!}\left(\frac{\pi}{i}\right)^2 + O\left(\frac{\pi}{i}\right)^4\right)\right]\frac{EI}{l^2}$$

得

$$\lim_{i\to\infty}F_{\rm cr} = \pi^2\frac{EI}{l^2} \tag{7.16}$$

以上的推导是针对刚杆-弹簧模型求解临界载荷，如果其中的弹簧刚度关联弹性梁的弹性性能，则最终的结果与弹性压杆临界载荷一致。对于压杆稳定性教学内容的讲解，特别是压杆稳定性内涵的理解，此例有两方面的作用：

(1) 弹性压杆稳定性问题中的恢复力矩弹簧来源于梁的弯曲刚度，解释了弹性

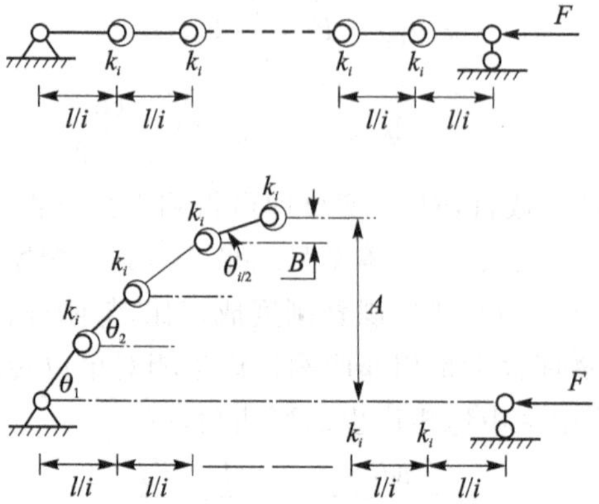

图 7.9　无限细分刚杆＋线性碟簧系统稳定性问题示意图

压杆临界载荷 $\pi^2 EI/l^2$ 中的系数与方次；

(2) 统一了刚杆-弹簧系统稳定性与弹性压杆稳定性两种压杆稳定性模式，前者是后者在一定条件下的近似，后者可以看作前者的极限化。

在材料力学课程的绪论部分都会提及材料力学与理论力学的主要差异之一在于研究对象：理论力学主要研究对象是质点、质点系和刚体，而材料力学的研究对象是弹性体。事实上，绝对意义上的刚体是不存在的，当构件的变形对问题分析的影响可以忽略时，刚体成为简化分析的选择对象。在以上问题的分析与对比中，刚杆-弹簧模型就是当结构系统中各部分刚度差异极大时，把刚度较小部分的弹性表征为弹簧，其他部分以刚体替代的模型。

即使弹性构件各部分的刚度并无较大差异，对于变形问题而言，也可以把构件的弹性集中于某个局部元件表征，并保证总变形一致。这种模式类似于函数的分段线性表征，从数学角度看，当构件分区足够细化时其结果将趋近于真实解。如果将弹性压杆细分为很多段，每段弹性杆的弯曲刚度使用碟簧表征而杆件简化为刚性杆，则以上的推导展示了这种转化与趋近的过程，同时也对材料力学稳定性部分的两种失稳模式进行了关联。

7.4　压杆稳定性问题的数学特征与外延

在材料力学稳定性教学内容中，两端铰支细长压杆临界载荷的推导是基础，其基本步骤是把利用分离体平衡(见图 7.3)获得的弯矩表达式代入弯曲梁的挠曲轴近似微分方程，根据存在非零解的条件确定临界载荷。

以上提及的弯曲梁的挠曲轴近似微分方程(式(7.17))第一次是出现在梁的弯曲变形章节(甚至其原型是弯曲应力推导中的曲率公式)，同样的控制方程，在弯曲变形部分获得了挠曲轴表达(式(7.18))，在稳定性部分得到了压杆稳定性临界载荷

(式(7.19)),二者的差异是什么?

$$\frac{d^2w}{dx^2}=\frac{M(x)}{EI} \tag{7.17}$$

$$w=\iint\frac{M(x)}{EI}dxdx+Cx+D \tag{7.18}$$

$$F_{cr}=\frac{\pi^2 EI}{l^2} \tag{7.19}$$

观察结构载荷状态(见图 7.10),弯曲变形问题中外加载荷垂直于杆轴线,压杆稳定性问题中载荷沿着杆轴线。反映至数学方程,造成其中弯矩 $M(x)$ 的表达式有差异:

(1) 弯曲变形问题中 $M(x)=f(F,x)$,即弯矩 M 为外加横向载荷 F(也可以是分布载荷 q,集中力矩 M_0,以及其组合)与轴向坐标 x 的函数,当外加载荷确定时,每个截面内的弯矩是常数;

(2) 压杆稳定性问题中 $M(x)=g(F,w)$,即弯矩 M 为外加轴向载荷 F 与挠度 w 的函数(各点挠度 $w=w(x)$),当外加载荷为临界载荷时(系统处于临界状态),每个截面上的弯矩与状态量 w 有关,换言之,此时的弯矩与系统的待求量有关,不是可以预先确定的量。

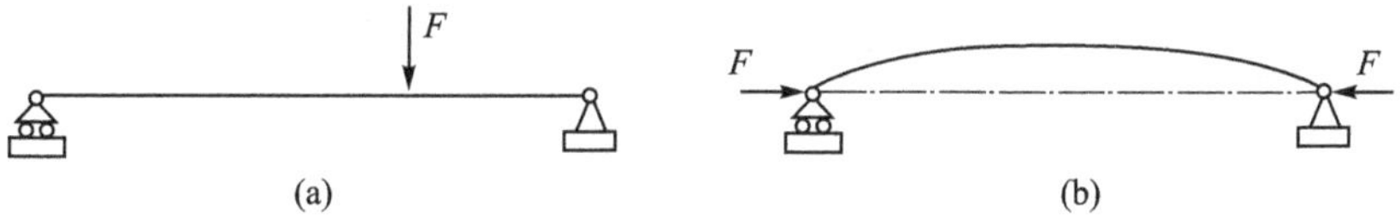

图 7.10　弯曲变形问题与压杆稳定性问题受力分析示意图

从数学上来看,前者属于定解问题,后者属于特征值问题;在力学中前者称为响应问题,后者称为稳定性问题。

(1) 定解问题的方程 $\boldsymbol{AX}=\boldsymbol{B}$ 对应弯曲变形问题,其中的 $\boldsymbol{A}$ 对应结构刚度矩阵,$\boldsymbol{X}$ 对应待求位移向量,$\boldsymbol{B}$ 就是载荷向量,只要 $\boldsymbol{A}^{-1}$ 存在(对应具有足够约束的结构),$\boldsymbol{X}=\boldsymbol{A}^{-1}\boldsymbol{B}$ 就是常数向量;

(2) 特征值问题的方程 $\boldsymbol{AX}=\lambda\boldsymbol{X}$ 对应压杆失稳问题,等式右端表示载荷与待求位移向量 $\boldsymbol{X}$ 相关,求解 $|\boldsymbol{A}-\lambda\boldsymbol{I}|=0$,其对应的特征值 λ 与临界载荷 F_{cr} 相关,特征向量 $\boldsymbol{X}$ 对应处于微弯临界状态下的变形模式。特征向量 $\boldsymbol{X}$ 表示其组成各量 x_i 的比例关系,各量值绝对大小并无物理意义,该特征对应在压杆稳定性问题中处于临界状态下的变形模式(对于两端铰支细长弹性压杆,其挠曲线为半波正弦形状),但幅值不定。

事实上,自然科学各个专业中的问题均可以分为响应问题与稳定性问题,稳定性问题的特征表现在控制方程中某些参量与状态相关,在动力学问题中这些状态量不仅有位移,还可能有速度与加速度。

在航空航天的飞行器设计领域，最为典型与危险的动稳定性问题是颤振，表现为当飞行速度达到临界值时，飞行器的气动翼面发生剧烈的气动弹性耦合振动，甚至结构快速解体。对于动力学稳定性问题的机理，往往使用能量平衡的视角进行解释。动力学问题中系统的输入能与耗散能与结构振动幅度相关，典型的模式如图 7.11 所示。当耗散能与输入能相等时所对应的位置称为动态平衡点。

(1) 如果耗散能和输入能与振幅的关系满足图 7.11(a)的规律，这种平衡点是稳定的——当振幅向左偏离平衡点，输入能将大于耗散能，系统振幅有增大趋势；如果振幅向右偏离平衡点，输入能小于耗散能，系统振幅有减小趋势，即总能回到平衡点的振幅，其时域图像如图 7.12 中内侧两条曲线所示；

(2) 如果耗散能和输入能与振幅的关系满足图 7.11(b)的规律，这种平衡点是不稳定的，其分析过程与上述相同，例如当向右偏离平衡点，输入能大于耗散能，系统振幅将持续增加直至发散，其时域图像如图 7.12 中外侧曲线所示。

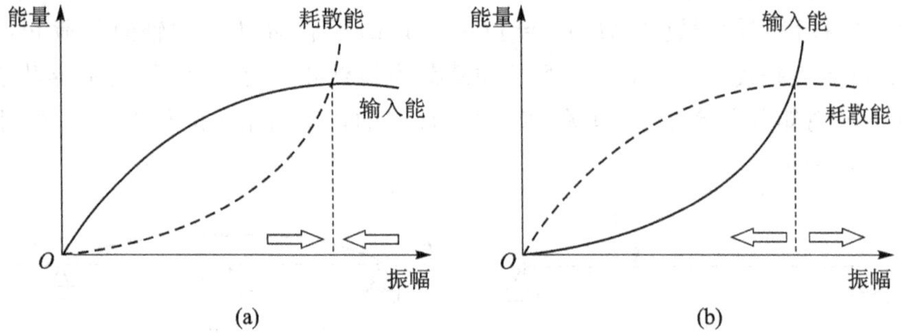

图 7.11 动力学稳定性问题中的能量平衡视角

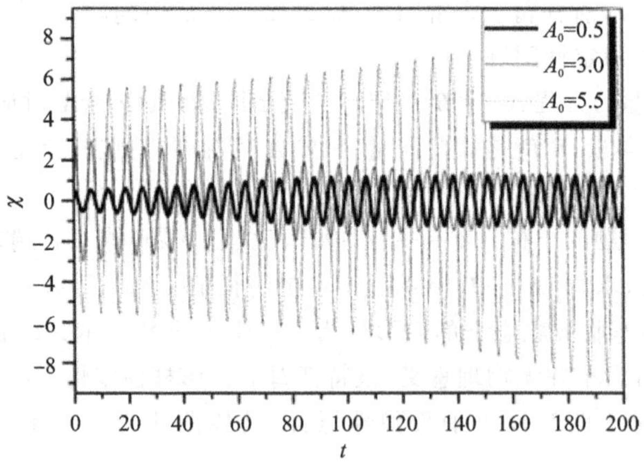

图 7.12 动力学稳定性问题中典型时域曲线

7.5　小结与建议

通过以上的分析与论述，针对压杆稳定性的教学内容，可以得出以下小结：

(1) 尽管不同领域稳定性问题的具体形式有差异，但本质上均针对平衡状态，表征系统保持平衡状态的能力；

(2) 从数学描述方法上，对于稳定性的判断有多种方式或指标，但描述方程中一定有与系统状态相关的参量；

(3) 弹性压杆稳定性临界载荷与杆件弯曲刚度(包括了材料属性)、杆件尺寸以及边界条件相关，属于结构系统的固有特性；

(4) 刚杆-弹簧模式是弹性压杆模式在一定条件下的近似，其极限状态就是弹性压杆模式。

以上提及的结论与规律散布在教学内容各部分中，如果仅就考核学生求解临界载荷的解题能力而言，这些内容不是重点。但是，如果希望深刻理解与掌握压杆稳定性的物理本质与数学抽象，提出相应的问题并展开讨论是有益的。

本章涉及学生能力培养体系的指标点如表 7.2 所列。

表 7.2　本章学生能力培养体系指标点

能　力	对应的指标点
1. 工程推理和解决问题的能力	1.1 发现问题和系统地表述问题 1.2 建模 1.3 估计与定性分析
2. 实验和发现知识	2.1 建立假设 2.3 实验性的探索 2.4 假设检验与答辩
3. 系统思维	3.2 系统的显现和交互作用 3.3 确定主次与重点
4. 个人能力和态度	4.2 执着与变通 4.3 创造性思维 4.4 批判性思维 4.6 求知欲和终身学习

第 8 章　从直梁圆拱到平板曲壳

简要说明：在材料力学教学内容中，直梁是弯曲部分的主要对象。对于古典建筑承力结构，由于材料性能的差异采用曲梁结构形式也很常见。本章基于简单梁结构的应力比较，引导学生体会基于对象特征的设计与改进是结构外部形貌的内涵。另外，这种基于日常观察的认知与学习模式可以作为现有课堂理论教学的补充，建议开展项目式的研讨单元来锻炼学生分析问题、解决问题的能力。

8.1　目的与意义

材料力学的主要任务是解决经济性与安全性的矛盾，在教学安排上，通过拉压、扭转与弯曲三种基本变形模式分别分析杆件的内力、应力与变形是强度和刚度校核或设计的基础。以工程实际中构件的数量、受力分析的复杂性以及结构破坏的危险性而言，弯曲梁最为突出，所以尽管分析流程类似，弯曲梁的教学内容相比前两种有倍数的增加，甚至在强度与刚度部分中都有关于弯曲梁合理化设计的内容。

弯曲梁教学内容中无论是强度还是刚度的合理化设计（包括后续压杆稳定性的合理化设计），均涉及截面设计、边界约束与载荷分布的变化，其中不变的对象是直梁，即杆件轴线的形式均为直线。当然，这很容易理解，问题的研究总是从简单到复杂，尽管材料力学中弯曲梁的内力（后续章节包括应力）部分也涉及曲梁，但较大曲率的曲梁并不是材料力学的主要研究对象。与之类似，二维的板也不是材料力学的主要研究对象，尽管在薄壁杆件的扭转切应力、弯曲切应力以及内压薄壁容器应力分析中有所涉及。

一方面，材料力学知识与工程实际密切相关，从日常观察与认知的视角，曲梁与薄板，或者与之类似的曲线与曲面结构及其组合形式在生活中经常出现（图 8.1 所示为国内近年来的“网红打卡”建筑，因其形体巨大、造型独特、建造困难而引起关注），其中曲梁与薄板（薄壳）出现的数量与场景不会少于直梁，其中的机理值得探讨；另一方面，从掌握知识学习方法的视角，作为基础内容学习之后的总结，比较直梁与曲梁（平板与曲壳）的差异对于构建知识体系结构也是有益的。

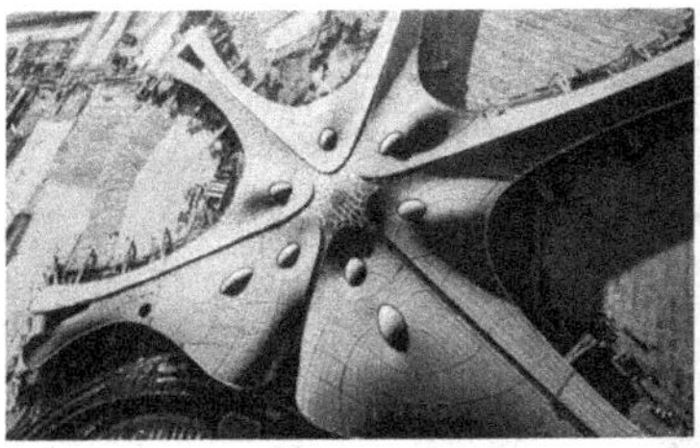

大兴机场外部图

鸟巢外部图

大兴机场内部图

国家大剧院外部图

图8.1　带有曲线与曲面造型的典型建筑

8.2　中外古典建筑主承力构件特征对比与分析

在人类文明发展进程中，人们从开始建造茅草屋到现在能够建造摩天大厦经历了漫长的发展，在此过程中虽然结构分析技术的发展功不可没，但也不能忽视建筑材料的重要影响。

自然界中木材和石材是最容易获取的天然材料，在整个人类文明几千年发展过程中，由它们构建建筑结构的时间要比现在使用钢材或者钢筋混凝土建造建筑结构的时间长很多。所以此处以石材或者木材构造的简单建筑结构为对象，分析建筑主承力构件的特征。选择简单结构的另一个原因也是为了简化分析模型，以便于获得比较清晰的规律与结论。尽管结构形式有差异，但其中所遵循的基本科学规律类似。

图8.2所示为人们生活中经常能看到的，或者旅游拍照时比较感兴趣的一些建筑结构，图中上半部分是西方的古典建筑，下半部分是东方的古典建筑（主要是中国所特有的一些建筑结构）。

粗略比较东西方古典建筑的图片，容易发现其材料选择上的特点：西方古典建筑结构大部分使用石材构建主体；而东方古典建筑往往有一个石材的底座，但建筑的主体由木质框架构成。

这种差异有历史文化方面的原因，文化层面比较主流的解释为：西方大型建筑结构主要是为“彼岸”的神修建的，既然为神灵修建，所以追求永恒、宏伟，使用坚固的石材更合适，甚至在建造时间上也并不设限，重要的教堂修建几十年、上百年或者几

古罗马斗兽场　　古罗马引水渠

故宫太和殿内部梁架　　故宫太和殿外部视图

图 8.2　东西方典型建筑与结构

百年都是有可能的。而东方修建的建筑结构主要为人(包括神像)遮风挡雨,采用木质框架更易满足修建的时效性与生活舒适性的要求,即便大型建筑也需要短期完成并且需要周期性翻新。事实上,这种建筑文化的差异也反映在选人用人的称谓上:在中国把有用之人才称为“栋梁之才”引申自“栋梁之材”;而在西方有另外一个称谓——“柱石之材”。之所以有这种称谓上的差异,在于材料选择不同,主体承力结构中危险部件类型有差异:在西方石材建筑中承力最严重的往往是立柱,而在东方建筑结构中往往是木质横梁。

选用建筑材料的不同造成了建筑结构在形式上的差异。其中非常显著的特征是曲线圆拱与直线横梁的对比。图 8.3 中左侧是石材建筑典型圆拱结构,右侧是东方建筑的横梁及组合框架,包括图 8.2 中上下部分的对比。

为什么会有如此明显的差异?通过对比分析直梁与半圆曲梁模型可以探究其中的机理,该部分涉及的梁内力与弯曲应力分析不仅是材料力学的基础性内容,也是同学们必须熟练掌握的技能。图 8.4 左侧为半圆曲梁,右侧为直梁,均承受横向均布载荷 q,跨度相同为 $2R$,两端均为铰支(为了体现对称性简化为两端固定铰,在小变形条件下不考虑轴线轴向位移时,两端固定铰与一端固定铰一端活动铰的静定模式无差异)。

无论是半圆曲梁还是直梁,解算内力并画出对应内力图均不困难,直梁的内力分布并无特殊之处,比较有趣的是半圆曲梁的内力分布——梁内各点弯矩为零,剪力也

图 8.3　东西方典型结构中圆拱与横梁的对比

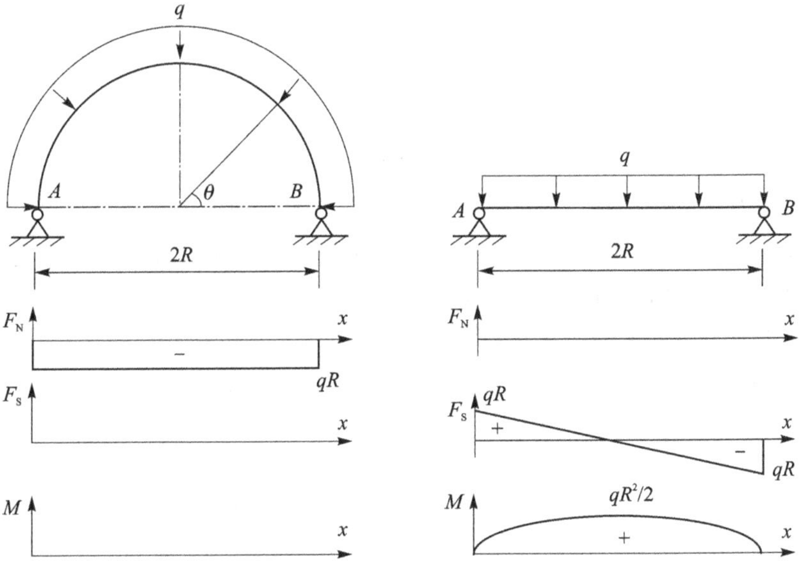

图 8.4　半圆曲梁与直梁在横向均布载荷下的内力分布

为零，只有为常值的轴向压力。观察结构形式与载荷分布可以理解内力的规律：半圆结构与载荷均为轴对称分布，所以内力也是轴对称分布，在铰支的边界上只有竖向的约束力，即仅有轴力不为零，所以曲梁内部各点轴力为常数，弯矩与剪力为零。这个模式与材料力学教材中平面圆环绕法向中心轴匀速转动，由离心力引起的内力分布类似，差异仅在于离心力引入的分布载荷向外背离圆心。

由此可以给出曲梁与直梁横截面上正应力的分布与最大值：

$$\sigma^{C}=\frac{F_{N}}{A},\quad \left|\sigma_{\max}^{C}\right|=\frac{qR}{bh} \tag{8.1}$$

$$\sigma^{S}=\frac{M}{I_z}y,\quad \left|\sigma_{\max}^{S}\right|=3\frac{qR^2}{bh^2} \tag{8.2}$$

式中标注的 C 与 S 分别表示曲梁与直梁，曲梁横截面上正应力由轴力引入，均匀分布；直梁横截面上正应力由弯矩引入，线性分布。上面列出了当横截面均为高 h 宽 b 的矩形时正应力的最大值(绝对值)。直梁与曲梁横截面上正应力最大值的比值为

$$\left|\frac{\sigma_{\max}^{S}}{\sigma_{\max}^{C}}\right|=3\frac{R}{h} \tag{8.3}$$

尽管不同的截面形状获得的最大值之比有差异，但均为跨高比的量级，该比值的量级说明在曲梁中正应力最大值远小于直梁中正应力最大值。在材料用量上，与仅通过直观感受考虑几何尺寸的 $V^S/V^C=2/\pi$ 不同，在满足结构强度的条件下，两种梁构件的体积比为(横截面宽度均为 b)

$$\left.\begin{aligned}&\left|\sigma_{\max}^{C}\right|=\frac{qR}{bh_C}\leqslant[\sigma]\\&\left|\sigma_{\max}^{S}\right|=3\frac{qR^2}{bh_S^{2}}\leqslant[\sigma]\end{aligned}\right\}\Rightarrow\frac{V^S}{V^C}=\frac{6R}{\pi h_S} \tag{8.4}$$

式中，h_C 与 h_S 分别为曲梁与直梁的矩形截面高度。

满足强度条件的体积比(相同材料即为质量比)也为跨高比量级，加之曲梁截面仅有拉压轴力，应力均匀分布，从强度设计的视角，半圆曲梁模式是一种优美的设计：无论在轴线方向，还是横向截面上，应力均匀分布，极限化利用了材料的性能，这是西方古典建筑大量采用半圆拱结构形式的原因。

半圆拱曲梁是否是唯一的完美结构形式？注意以上的比较中组成两种梁的材料相同，且拉压强度许用值一致。当同时考虑材料的性能，情况会发生怎样的变化？表 8.1 列出了石材与木材的相关性能。

表 8.1　石材与木材的基本力学性能

材　料	石　材	木　材
强　度/MPa	15(拉伸)～150(压缩)	50～150(拉伸)，20～90(压缩)
密　度/($g\cdot cm^{-3}$)	2.6～2.8	0.4～0.6
弹性模量/GPa	41.0～55.0	9.8～12.0(顺纹)，0.5～1.0(横纹)

由于石材与木材都有多种类型，表 8.1 中只列出了大致范围。比较而言，石材拉伸与压缩强度差异较大，具有典型脆性材料特征，其弹性模量约为木材的 4～5 倍，其密度为木材的 5～6 倍。总体而言：

(1) 石材适合承压，变形小，自重大；

(2) 木材适合承弯，变形大，自重小。

采用石材建造圆拱结构是合适的，因为内部应力均为压应力，且结构变形小，视觉感官上显得坚固；但是石材自重确实较大，修建与维修不易。反观木材，由于建筑

结构的主要载荷来源于建筑上部结构的屋顶，其自重占据主导地位，所以木材自重小的特征成为较大的优势，而且木材拉压强度接近，适合作为承受弯曲的结构材料。所以，如果同时考虑材料性能与建造维护成本时，木质直梁框架也是不错的选择。

当采用木材构建较大建筑时，由于其弹性模量较低，故造成较大变形是需要考虑的问题，即使梁结构不产生断裂破坏，较大的弹性变形在视觉感官上显得不坚固，也容易在梁结构搭接部分产生附加载荷导致破坏。如何解决直梁构件的刚度问题，材料力学弯曲梁的刚度合理设计中有相关措施，例如截面设计、约束设置、载荷分布等。其中约束设置的效果最为显著，图 8.5 所示为材料力学教材中通过移动支座改变弯矩与变形的效果对比，两端铰支座向内对称移动跨度的 20%，其最大弯矩减小到原值的 20%；如果向内对称移动 25%，最大挠度减小到原值的 9%。之所以有如此明显的效果，从两端铰支梁承受均布载荷的挠度表达式可以看出规律：

$$w=\frac{5ql^{4}}{384EI} \tag{8.5}$$

式中，挠度与跨度呈 4 次方关系，所以减少跨度效果非常显著。

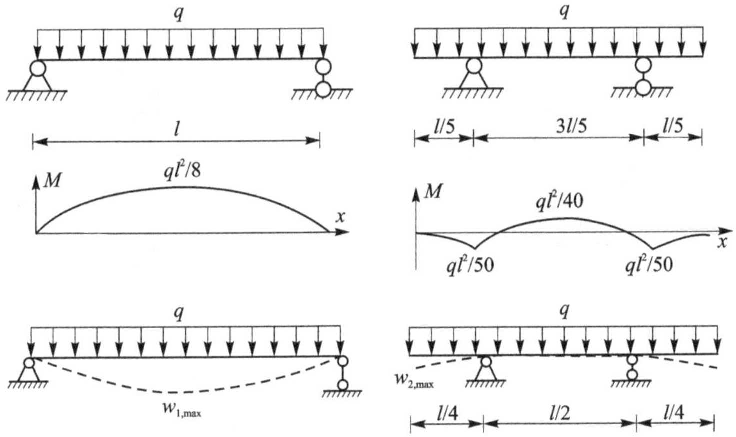

图 8.5　直梁支座位置移动改变弯矩与变形的效果

尽管通过移动支座改变弯矩与变形的效果非常明显，但是从房屋结构的使用与视觉效果来看，过多的支撑立柱显得房屋内部拥挤，使用上也不方便。为了解决这个问题，简单的处理方法是在立柱与横梁之间添加斜支撑(见图 8.6 上半部分)，减跨的同时也增强整体稳定性，这种模式在居民建筑中甚为常见，目前中国乡村古建筑中还保留了大量类似结构。

为了更加美观，中国古典建筑发展了典型构件模式——斗拱结构(见图 8.6 下半部分)。斗拱结构是中国古代建筑特有的一种结构形式，在立柱和横梁交接处，从柱顶上一层层探出成弓形的承重结构称为拱，拱与拱之间垫的方形木块就是斗，合称斗拱，也称为枓拱。斗拱的产生和发展有着非常悠久的历史，从两千多年前战国时代采桑猎壶上的建筑花纹图案和汉代保存下来的墓阙与壁画上，都可以看到早期斗拱的图像。中国古典建筑最富有装饰性的特征往往出现在皇宫建筑中，斗拱在唐代发展成熟后便规定民间不得使用。

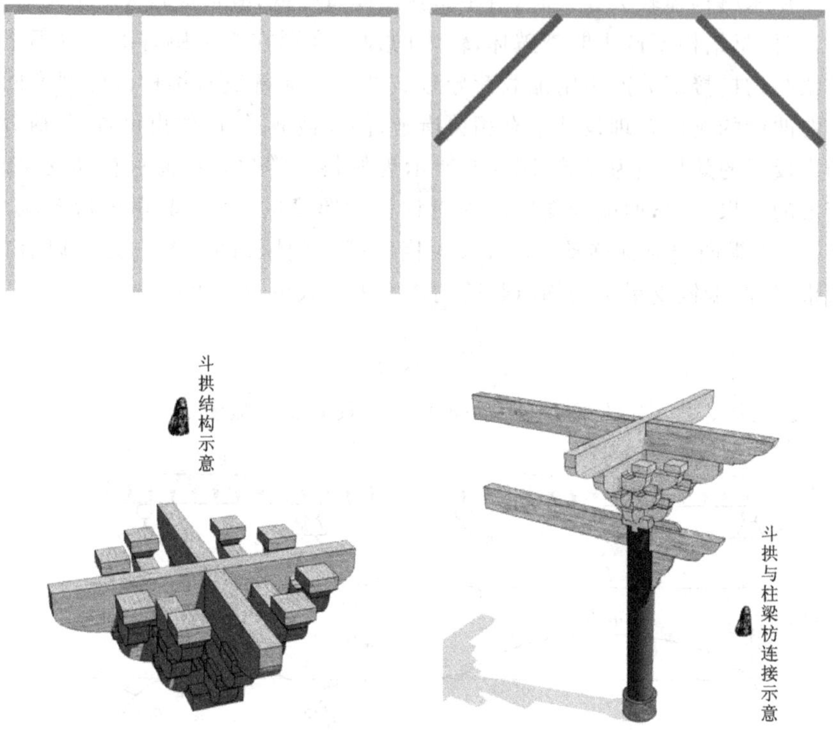

图 8.6　直梁支撑形式与斗拱结构示意图

从材料力学的视角，斗拱结构至少有三个方面的功用：

(1) 减小跨度，从而降低梁内弯矩，大幅度减小横梁的挠度，原因如上不再赘述；

(2) 增加立柱与横梁间接触面积，避免由于接触压力过大引起的木质横梁纵向纤维承受横向接触压力而断裂。木材承受轴向载荷的能力远大于承受横向集中力的能力，所以木质立柱不容易被破坏可以长期承载；由于空气中含水分，故横梁与立柱的接触面易生细菌，加之接触压力作用，很容易腐烂破坏，由此，减小立柱与横梁间接触压力对于横梁长期承载非常重要；

(3) 增强结构整体的稳定性，抵抗地震引发的结构损毁。榫卯结合的斗拱结构是抗震的关键，这种结构和现代梁柱框架结构有类似之处，但构架的连接节点不是完全刚接，可以避免建筑构件之间或不同方向之间刚度差异导致的变形不协调。遇有强烈地震时，采用榫卯结合的空间结构虽会“松动”却不致“散架”，间隙与摩擦带来的结构非线性可以减小冲击载荷、耗散振动能量，具有抗震的效果。经历千年的地震

"试验",屋顶挑檐采用斗拱形式的中国古建筑与没有斗拱的建筑相比,在同样的地震强度下抗震能力更强,保存更久远,留存至今的山西应县木塔就是明证。

尽管中国的古典房屋建筑以木质框架为主,但桥梁建造中采用石材的居多,其中最具特色的是隋代李春所修建的赵州桥(见图8.7)。赵州桥是世界上现存年代久远、跨度最大、保存最完整的单孔坦弧敞肩石拱桥,其建造工艺独特,在世界桥梁史上首创"敞肩拱"结构形式,具有较高的科学研究价值。

图8.7　赵州桥正视图

赵州桥不仅是一座造型优美的桥,而且其建筑结构设计也非常合理。"单孔坦弧敞肩"是赵州桥的基本特征,"单孔"容易理解就是单跨,赵州桥的跨度较大,为37.02 m,而拱高只有7.23 m,拱高和跨度之比约为1∶5,这就是"坦弧",便于车辆与行人通行;下部主拱上对称分布的4个小拱就是"敞肩",可以减轻结构重量,并且增加16.5%的排水面积,在洪水季可以减小水流冲击力。

这里有一个问题,相比前面的半圆拱模式,采用圆弧的一部分而不是完整的半圆弧,在同样承受横向均匀分布载荷时,曲梁内的弯矩并不为零(见图8.8(a)),这就失去了半圆曲梁应力分布特征,如何解决该问题?

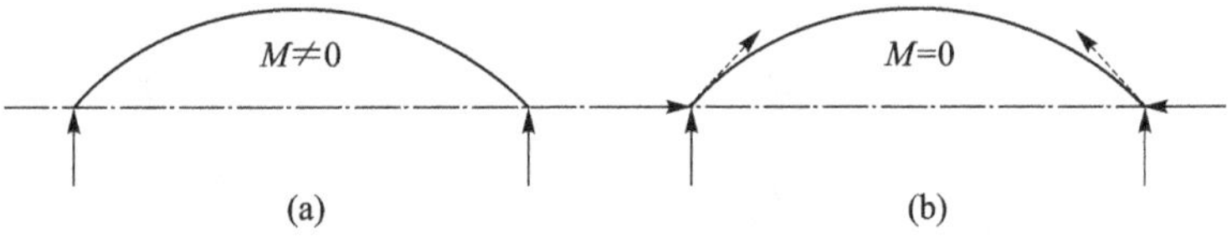

图8.8　非完整半圆拱的约束施加示意图

如果曲梁轴线不是半圆形,仅是图8.4中半圆拱的一部分(圆心角为2α),此时曲梁内的弯矩将不为零,但可以在两边支持边界点施加外部水平载荷(见图8.8(b))

$$F_x = qR\sin\alpha\cdot\tan\alpha \tag{8.6}$$

使边界总约束反力沿曲梁轴线方向,所有分析结果就回归到半圆曲梁情况,即曲梁内部弯矩为零。

8.3 直梁与圆拱的二维延展——平板曲壳

8.2 节的分析基于一维模型，板与壳属于二维模型，板壳可以看作多梁的组合，但需要强调，板壳相对于梁不仅是维度上的扩展，更加重要的是各部分相互之间提供了附加约束支持[24]，大大降低了应力与挠度，所以板壳相对于梁而言，在节省材料方面更近完美，这也是薄壳结构在大型工程建筑结构中广泛使用的原因[25]。

材料力学的经典教学内容主要针对杆件，但在复杂应力状态与强度理论部分涉及了二维板壳——内压薄壁圆筒的强度与变形分析，只是通过对称性避免了复杂的理论分析。事实上，该部分的内容与 8.2 节中直梁圆拱的比较有类似之处，为了展示其中的机理，首先简要列出内压薄壁圆筒的分析模型与结果。

如图 8.9 所示的模型与标注均摘自教科书，其含义不再赘述。图中左侧分离体模型获得的轴向应力为 σ_x，右侧分离体模型获得的周向应力为 σ_θ，则

$$\sigma_x = \frac{pD}{4\delta}, \quad \sigma_\theta = \frac{pD}{2\delta} \tag{8.7}$$

成立条件为 $\delta \leqslant D/20$。如果是内压薄壁球壳，则 $\sigma_x = \sigma_\theta = \dfrac{pD}{4\delta}$。

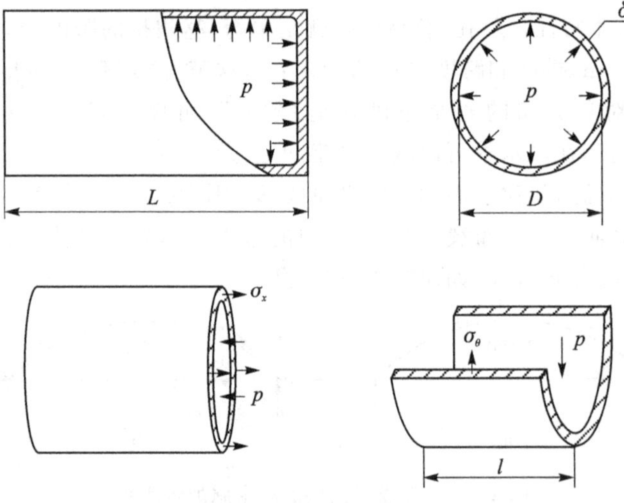

图 8.9 内压薄壁圆筒应力分析示意图

对照如图 8.10 所示的边界铰支薄板与薄球壳，其分别可以看作是直梁与半圆拱曲梁绕法向轴旋转的结果，均承受法向压力 p。对于图 8.10(a)中的球壳，就是上面提到的内压薄壁球壳，所以其应力为

$$\sigma_\theta^{\mathrm{C}} = \frac{pD}{4\delta} = \frac{pR}{2\delta} \tag{8.8}$$

对于图 8.10(b)中的平板，此处不再列出应力推导过程，直接给出弹性力学分析结果，其中面内应力最大值[7]为

$$\sigma_{\theta}^{\mathrm{S}}=\frac{3(3+\mu)}{8}\frac{pR^{2}}{\delta^{2}} \tag{8.9}$$

其应力比值为

$$\frac{\sigma_{\theta}^{\mathrm{S}}}{\sigma_{\theta}^{\mathrm{C}}}=\frac{3(3+\mu)}{4}\frac{R}{\delta} \tag{8.10}$$

这个比值与 8.2 节中直梁与半圆曲梁的最大应力比看起来非常类似，实际上该比值非常大，因为薄板或薄壳的厚度相对梁的高度又有量级差异，换言之，承受内压或外压的平板相比薄圆壳，其面内应力非常大，造成的变形也非常显著。图 8.11 所示为针对一个两端底板为平板的薄壁内压容器进行有限元分析的结果，右侧是整体变形图，左侧是剖面图，可以看到底部平板的变形效果。

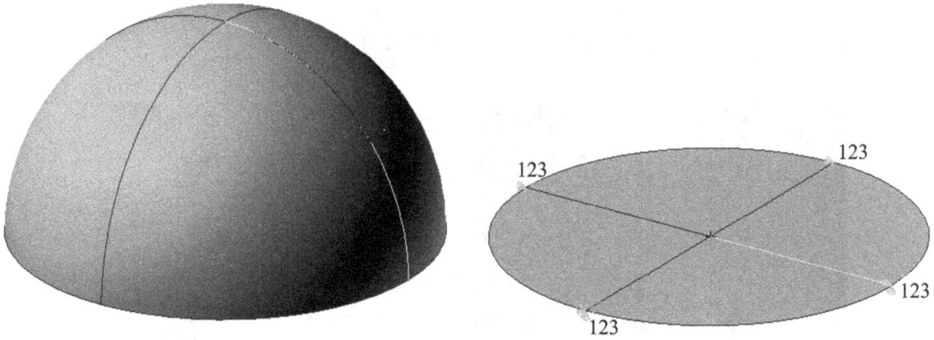

(a)　(b)

图 8.10　薄壁圆壳与平板

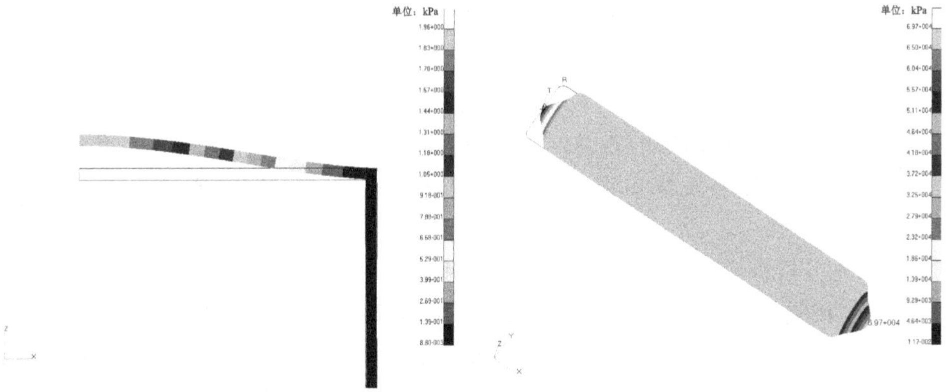

图 8.11　平底板薄壁圆筒受内压变形图

事实上,工程实际中不太常见底部为平板的薄壁圆筒,除非容器内压力非常小,所以材料力学教材中与图 8.9 类似的平面底板圆筒模型并不是实际情况,只是为了描述方便而简化的图形。另外需要说明,以上的对比分析模型是实际承压结构的"简化版",实际问题更为复杂,例如桶身与底板过渡区协调变形造成的应力,容器开口孔洞的局部加强,大变形造成的非线性以及底部内凹的稳定性等问题需要更加详细的分析与设计。

有了以上的对比与讨论,对于如图 8.12 所示的压力容器的形状(特别是圆柱底板)和建筑物中穹顶造型的机理,应该就有了更为深刻的理解。

图 8.12　常见的内压容器形状与类似形状的穹顶建筑物

8.4　小结与建议

科学知识的传授与学习,从教育教学的方法上有两种经典模式:

(1) 先实践+感性认知,再总结提升,进而机理解释。这种模式学生直观印象深刻,容易接受,但对于大量知识的传授过程,学生学习效率低,形成知识框架相对不易;

(2) 先分析讲解理论体系,然后实际应用。这种模式效率高,形成的体系结构清晰,但学生接受相对困难,并且对于形象化的应用场景感受不深刻。

目前在高校,特别是培养科研型人才的高校,绝大部分课程的讲授采用第二种模式。我们建议,在课程教学的某些环节,在已有基本知识框架的基础上,可以使用项目研究的模式按照第一种方式进行教学实践,提升学习效果。

材料力学的研究对象与研究方法有其特色,从理论分析的角度,极简模型是最佳对象，以此为基础有可能给出解析形式的理论解，并扩展至类似问题给出定性的一般规律；从感官认知的角度，比较日常生活中观察到的不同对象的差异，并以此提炼问题深入学习也是一种很好的模式。事实上，在材料力学课程学习的后期，针对不同类型问题的研究，包括变形模式、结构对象、载荷形式、参数分布的对比，对于深入理解概念与强化知识构架是有益的，甚至在认知上“打开了另一扇窗”。

本章内容涉及材料力学教学内容中多个部分，而且在对象上有扩展的趋势，但其机理没有超出基本内容与基本方法。直梁弯曲是材料力学中最基本也是最重要的部分，曲梁部分的内力属于基本内容，但弯曲应力属于选讲内容，在本章中关联了直梁、曲梁以及对应的应力分布模式，并扩展到日常生活中常见的建筑结构，体会结构设计从直线到曲线、从一维到二维甚至三维的发展，对于学生认知与理解知识框架是有益的。

本章涉及学生能力培养体系的指标点如表 8.2 所列。

表 8.2　本章学生能力培养体系指标点

能　力	对应的指标点
1. 工程推理和解决问题的能力	1.1 发现问题和系统地表述问题 1.2 建模 1.3 估计与定性分析
2. 实验和发现知识	2.1 建立假设 2.3 实验性的探索
3. 系统思维	3.1 全方位的思维 3.2 系统的显现和交互作用 3.3 确定主次与重点
4. 个人能力和态度	4.3 创造性思维 4.4 批判性思维 4.6 求知欲和终身学习

第9章　材料力学中小变形假设辨析

简要说明：材料的连续、均匀、各向同性假设出现在材料力学的绪论部分，尽管之后的教学内容中甚少提及，但是作为绪论讲授内容的重点和测试的考点，该部分内容已为同学们所熟知。反而是材料使用范围的线弹性假设与分析状态的小变形假设贯穿了整个教学内容与讲述过程，尽管许多教科书没有明确给出小变形的定义。事实上，相对线弹性假设清晰的定义与使用范围，小变形假设在教材各章中出现时的"面貌"并不完全一致，所以讨论变形的大小及对比的标准有助于深入理解小变形的内涵。本章针对小变形假设，并联系其在材料力学教学内容中的作用，辨析小变形假设成立的原则。

9.1　目的与意义

作为理工科机械大类培养体系中的专业基础课，材料力学课程首次引入了"变形"的概念，与之相应地，在研究对象与分析方法上务求简单：分别对应于几何上的杆件，材料性质方面的连续、均匀、各向同性假设，以及基于观察与假设的分析模式。尽管材料力学课程在绪论中就非常明确地给出材料连续、均匀、各向同性的假设，但在后续章节却甚少提及，反倒是材料的线弹性假设与分析状态的小变形假设被反复强调。相对而言，材料线弹性假设物理含义与作用范围非常明确，易于学生理解掌握，而作为分析状态的小变形假设，由于其表现形式各异不易分辨，即便是材料力学专业教师，对于"多大的变形可以看作小变形"这一问题的回答在思路与结论上也有较大差异。

本章首先回顾在材料力学中提及小变形假设的教学内容，然后着重讨论小变形假设成立的条件，或者更通俗地表述多大的变形属于小变形，以及与谁相比足够小可被看作小变形。

另外，本章内容与下章内容有内在联系，但为了便于课堂教学的内容设计，分两个部分来阐述，本章内容主要针对材料力学教学内容中涉及小变形内容的辨析，下章内容着重比较不同章节物理量之间的大小，以及介绍在模型简化中隐含使用小变形假设的部分。

9.2　小变形的定义与涉及的教学内容

小变形假设与材料性质基本假设不同，后者在所有力学教材的开篇部分都有明确的定义,前者在一些教材中有明确定义[7,8,26,27],也有教材通篇都没有给出明确定义,但在其分析过程中使用其性质。在给出小变形假设定义的教材中,其出现的位置也有差异:材料力学教材出现小变形假设往往在桁架节点位移分析章节[26,27],而在弹性力学教材或工程力学教材中小变形假设往往出现在材料的基本假设[7,8]之后。

尽管不同教材中给出的小变形假设的表述不完全相同,但核心思想一致,此处表述为:物体内各点的位移远小于物体的几何尺寸,因而应变与转角都远小于1。可以按原始几何位形进行力平衡分析;并可忽略应变与转角的二阶微量,从而使得几何方程线性化。

在材料力学教学内容中,以下几个部分均明确指出使用了小变形的性质:

(1) 桁架节点位移分析,典型模型如图 9.1 所示,该方法也常被称为切线代圆弧;

(2) 梁弯曲挠度分析中挠曲轴微分方程的简化,由式(9.1a)简化到式(9.1b);

(3) 平面应变状态分析,典型变形协调如图 9.2 所示,图中由小变形假设支撑的切线代圆弧体现在式(9.2a)、原始几何构型体现在式(9.2a)～式(9.2c)、角度代正切体现在式(9.2c)。

$$\frac{w''(x)}{(1+[w'(x)]^2)^{3/2}}=\frac{M(x)}{EI} \tag{9.1a}$$

$$w''(x)=\frac{M(x)}{EI} \tag{9.1b}$$

$$\Delta(\mathrm{d}l)=\varepsilon_x \mathrm{d}x\cos\alpha \tag{9.2a}$$

$$\varepsilon_\alpha=\Delta(\mathrm{d}l)/\mathrm{d}l=\varepsilon_x\cos^2\alpha \tag{9.2b}$$

$$\varphi'_\alpha=-\varepsilon_x \mathrm{d}x\sin\alpha/\mathrm{d}l=-\varepsilon_x\cos\alpha\sin\alpha \tag{9.2c}$$

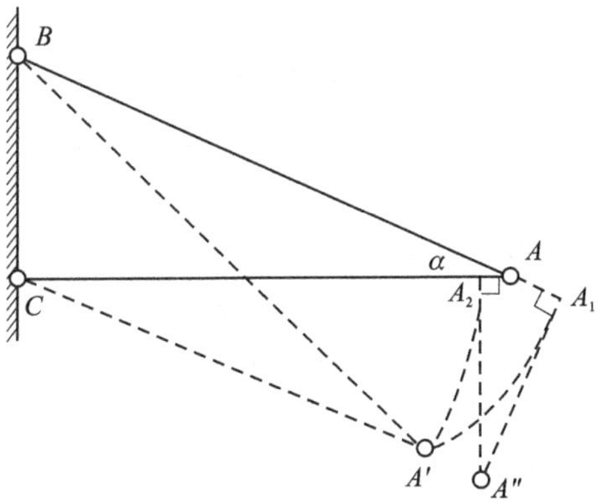

图 9.1　桁架节点位移分析示意图

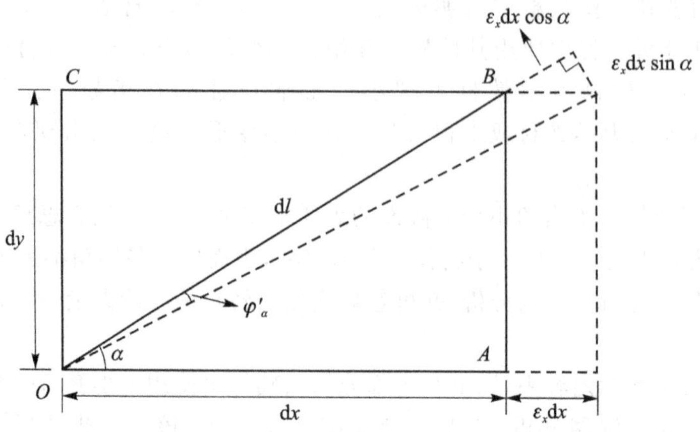

图 9.2　平面应变状态分析典型模型

除此之外，材料力学教学内容中还有一些章节隐含小变形假设但并没有详细分析，例如：

(1) 正应变(线应变)的定义；

(2) 材料应力应变曲线对应的真实应力应变；

(3) 梁轴线弯曲变形时，忽略轴向位移和挠度沿截面高度的变化；

(4) 广义胡克定律中切应力对正应变的影响；

(5) 变形体虚功原理中虚位移的定义。

材料力学专业教师对于这些内容非常熟悉，部分内容在下一章中讨论，这里不再赘述。

9.3　小变形定义的辨析与实例

在材料力学教学内容中小变形假设经常出现，但相对于材料线弹性假设，其每次出现时的"面貌"并不完全一致，尽管多数情况二者同时出现。

首先需要说明，线弹性假设与小变形假设设定在不同范围：前者是设定在材料使用范围，后者是设定在变形状态范围。其次，在材料力学绝大多数分析状况下，线弹性与小变形总是关联出现，以常见的金属材料为例，其屈服应力与弹性模量之比(屈服应变)远小于1(见表 9.1)，而工程结构服役状态常见应变小于 10^{-3} 量级，既然如此，在材料线弹性范围还需要强调小变形假设吗？另外一个常见问题是，材料力学的研究对象是一个方向尺寸远大于另外两个方向尺寸的杆件，小变形假设中提及的远小于结构原始尺寸是哪个方向的尺寸？特别是弯曲梁，挠度应该与横向的高度(宽度)还是长度进行比较？为了说明这类问题，这里选取了几个经典讲授内容进行详细讨论，便于加深对于小变形定义的理解。

表 9.1　航空常见金属材料力学性质

材料与性能	合金钢	铝合金	钛合金
屈服极限/MPa	200～400	100～300	300～800
弹性模量/GPa	210	70	106
屈服应变/10^{-3}	0.95～1.90	1.43～4.29	2.83～7.55

9.3.1　零力杆的特殊状态分析

对于多杆变形协调问题，采用基于小变形假设的切线代圆弧方法求解析架节点位移是常规模式，如图 9.3(a)所示的“零力杆”概念是经典教学内容，图 9.3(b)与图 9.3(c)是其变形协调与受力分析图，均为基于原始几何构型的分析模式。

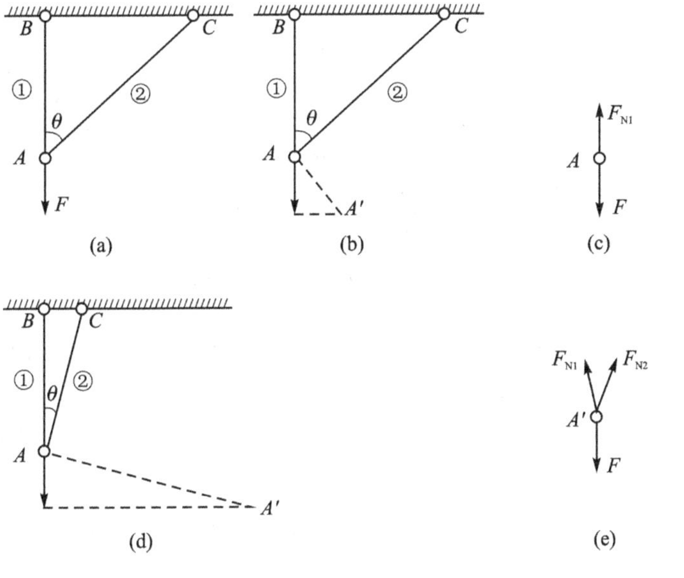

图 9.3　零力杆的特殊状态分析

如果两杆夹角 θ 非常小，甚至接近 0，此时如果利用切线代圆弧的变形协调，则会出现如图 9.3(d)所示的趋势，很明显此时使用基于原始几何构型的切线代圆弧模式求解节点位移，即使杆件应变远小于 1 也会造成较大的偏差。究其原因在于此例中特殊几何构型的力平衡，即使杆件变形的绝对量 Δl_1 或相对量 $\Delta l_1/l_1$ 很小，甚至是 $\Delta\theta$ 也很小均会出现该问题：对于此种特殊几何构型，采用基于原始几何构型的力平衡模式(见图 9.3(c))与真实的力平衡模式(见图 9.3(e))有较大的差异。换言之，小变形假设是否成立并不仅仅取决于变形量的大小，更归结于是否可以采用基于原始几何构型进行力的平衡分析。

9.3.2 组合变形分析

在组合变形部分有如图 9.4 所示的载荷状态，常规讲授内容中，危险截面上的正应力是由 F_1 引起的弯曲正应力和 F_2 引起的拉压正应力叠加而成。这里有一个隐含的小变形假设条件，即弯曲挠度 w 很小，小到多少算是满足要求？如果基于变形后的几何位置考虑 w 的影响，通过简单的截面内力分析可知，其截面弯矩最大值(中点)为

$$M = F_1 l/4 + F_2 w \tag{9.3}$$

相比不考虑 w 影响的基于原始几何构型的最大弯矩 $F_1 l/4$，衡量满足小变形假设的挠度 w 大小，不仅与 w/l 相关，也与 F_2/F_1 有关，反而与 w/h 没有直接关系(h 为截面的高度，属于横向几何尺寸)，尽管挠度 w 与截面高度 h 属于同一方向。

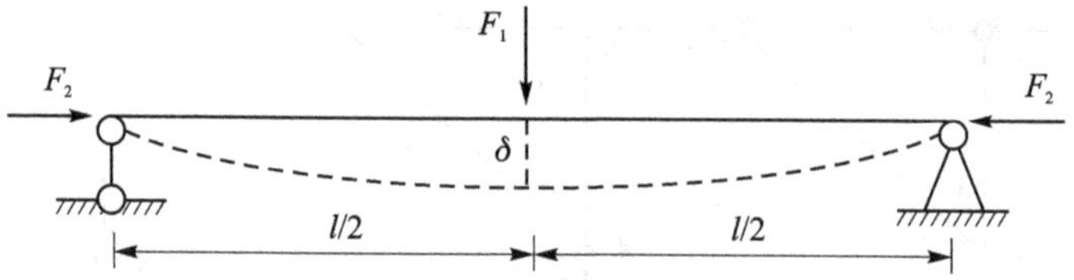

图 9.4 组合变形的载荷状态

9.3.3 一端固支一端铰支细长压杆稳定性问题

在压杆稳定性教学内容中，边界条件为一端固支一端铰支的状况相比两端铰支状况有其特殊性：弯矩表达式中出现垂直方向约束力(见图 9.5(a)与图 9.5(b)中的 F_R)。采用类比方法求解出距铰支端约 $0.7l$ 处为拐点(见图 9.5(c)中 C 点)，而后基于 C 点弯矩为零的条件，将问题转化为两端铰支模式(见图 9.5(d))。需要指出，与图 9.5(c)不同，此时图 9.5(d)中 C 点与 B 点处于同一水平线，其本质就是忽略了垂

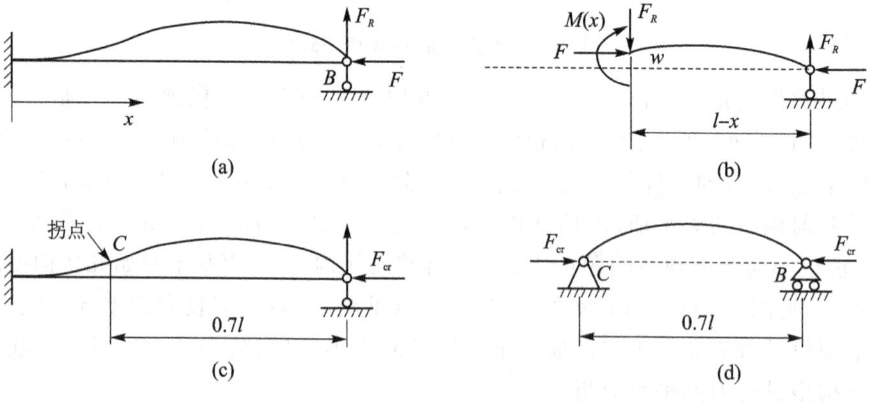

图 9.5 一端固支一端铰支细长压杆的稳定性问题

直方向的约束力 F_R。

为了考查该处理方案的依据，可以根据图 9.5(b)的模式列出处于临界状态的分离体 BC 的力平衡方程

$$F_{cr} \times w = F_R \times 0.7l \tag{9.4}$$

正是由于 $w/l \ll 1$，所以相比 F_{cr}，垂直方向约束力 F_R 足够小，这是问题简化的基础。在基于小变形假设的该问题分析中，挠度 w 足够小的比较标准仍然是轴向长度 l 而不是横向尺寸 h。

9.3.4　悬臂梁轴向位移与载荷方向影响

由于梁长度的放大效应，在工程实际问题中梁的挠度与梁的横向尺寸往往都是可比的，甚至梁的挠度会大于梁的横向尺寸。相对于拉压变形中轴向变形大小的判断，符合小变形假设的挠度大小在材料力学教材中并无明确的标准，那么挠度达到什么程度还能使用小变形假设而不会对问题的简化造成明显影响？这里采用悬臂梁的模型进行探讨。

尽管梁变形的挠度不小，但梁的轴向位移 Δ_A（见图 9.6）相对梁的轴向长度 l 还是高阶小量，轴向位移 Δ_A 也被称为曲率缩短，通过挠曲轴总长与其轴向投影之差进行计算[26]，通用计算公式是泰勒展开的近似表达

$$\Delta_A \approx \frac{1}{2}\int_l (w')^2 \mathrm{d}x \tag{9.5}$$

对于自由端受集中力的悬臂梁，得出

$$\Delta_A \approx \frac{F^2 l^5}{15E^2 I^2}, \qquad \frac{\Delta_A}{w_A} = \frac{3}{5}\,\frac{w_A}{l} \tag{9.6}$$

由此得到结论，梁的轴向位移 Δ_A 相比挠度 w 是更高阶的小量。

在材料力学教学内容中，无论是强度问题还是刚度问题，梁内弯矩是关键，对于长度为 l 的悬臂梁，当自由端承受集中力 F 时，基于原始几何构型给出的梁内最大弯矩 $M_{\max}=Fl$ 与基于变形后几何构型给出的最大弯矩 $M_{\max}=F(l-\Delta_A)$ 相比，由于 Δ_A 是 l 的二阶小，所以基于小变形假设的原始几何构型来分析力平衡不会造成分析结果的明显偏差，此时采用线性分析仍然可以获得精准的结果。

如果改变受力状况，同时自由端存在水平载荷（见图 9.6），与 9.3.2 节类似，梁内最大弯矩

$$M_{\max} = F_1(l - \Delta_A) + F_2 w \tag{9.7}$$

与基于原始几何构型的弯矩 $F_1 l$ 相比，分析结果的精度不仅与 w/l 相关，也与 F_2/F_1 有关。

为了在教学过程中给出直观的认知，这里以 F_1 与 F_2 的合力始终垂直于变形后的轴线为例，研究结果的精度（此为机翼翼面升力模式）。

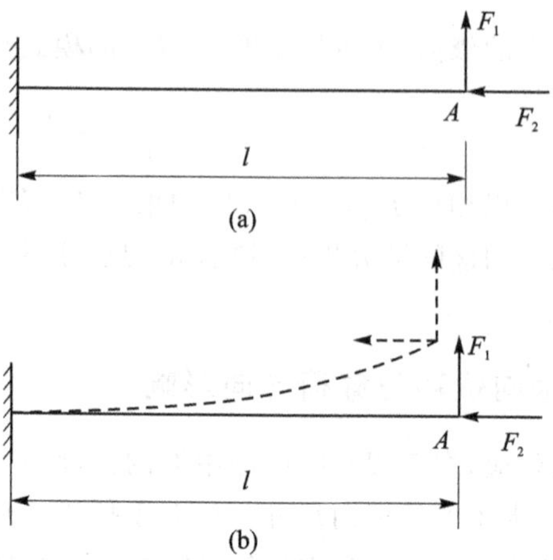

图 9.6　悬臂梁自由端受垂直与水平集中力

如果载荷始终垂直于轴线,以基于原始几何构型的线性状态估算挠度与转角,则

$$\frac{F_2}{F_1}=\left.\frac{\mathrm{d}w}{\mathrm{d}x}\right|_{x=l}=\frac{F_1 l^2}{2EI} \tag{9.8}$$

忽略轴向位移 Δ_A,最大弯矩为

$$M_{\max}=F_1 l\left[1+\frac{2}{3}\left(\frac{F_1 l^2}{2EI}\right)^2\right] \tag{9.9}$$

其中,$\frac{F_1 l^2}{2EI}$正是在原始构型下梁自由端的转角,如果考虑工程误差为 5%,即$\frac{2}{3}\left(\frac{F_1 l^2}{2EI}\right)^2=0.050$,则$\frac{F_1 l^2}{2EI}=0.274$,或$\theta(l)=15.7°$,即自由端最大弯曲角小于 15°时,使用小变形进行计算可保证工程精度。由于弯曲角不直观,故根据悬臂梁自由端受集中力状态$\frac{w(l)}{l}=\frac{F_1 l^2}{3EI}$,可以估算此时 $\frac{w(l)}{l}=\frac{F_1 l^2}{2EI}\frac{2}{3}=0.183$,即最大挠度小于梁长度的 18%时,基于小变形假设的分析可保证工程精度。

事实上,除了弯矩的差异,以上这种挠度较大的情况可能涉及小应变大位移(大变形几何非线性),尽管不可能在材料力学的教学中讲解这些理论细节,但给出与真实情况结果的比较对于教学还是有益的。

图 9.7 所示为利用有限元的线性与非线性分析模块得出的悬臂梁自由端承受集中载荷几类情况的结果对比,横轴为挠度与梁长度的比值,纵轴为偏差。其中位移下标 0,1,2 分别表示基于小变形的线性分析结果,载荷方向不变的非线性分析结果,以及考虑力跟随(载荷始终垂直于变形后的梁轴线)的非线性分析结果,可以发现与上述近似理论分析结果吻合较好(载荷方向保持不变的情况由于变形后在梁轴线方向有拉力分量,其几何刚度提高了梁的弯曲刚度,故导致偏差更大)。图 9.8 所示为类

似的情况，区别在于此时外载为均布载荷模式，非均布载荷对应于工程上高空长航时超大展弦比无人机（见图 9.9）的变形分析（半展长 20 m，翼厚小于 0.1 m），当翼尖挠度小于半展长的 15%时，线性分析结果完全满足工程精度。

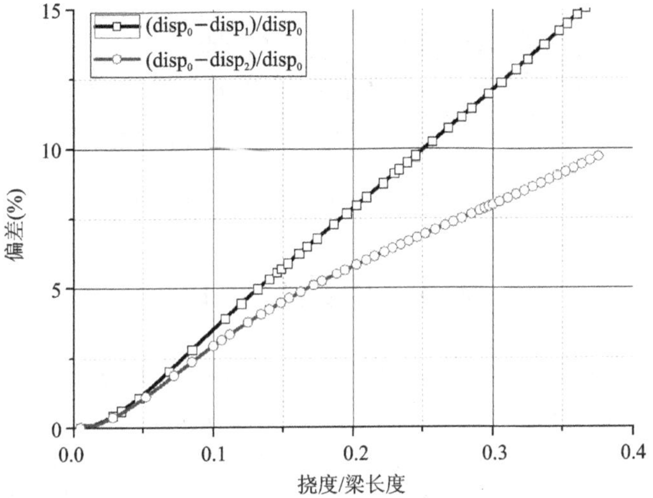

图 9.7　自由端集中载荷下挠度相对偏差

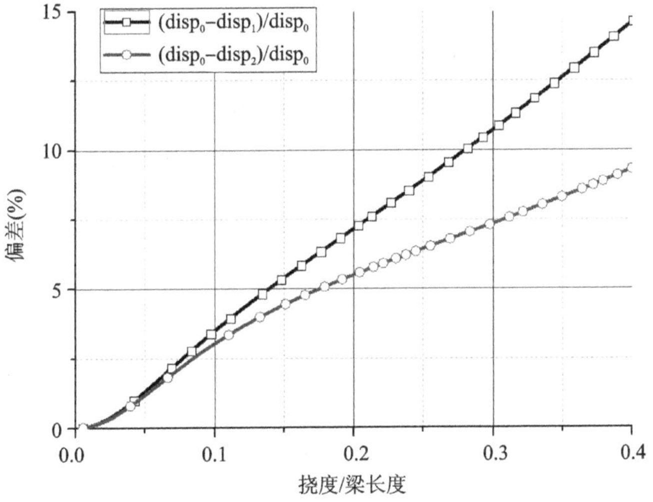

图 9.8　均布载荷下挠度相对偏差

图 9.9　高空长航时超大展弦比无人机

9.4　小结与建议

与材料的线弹性假设相比，小变形假设涉及的问题更加复杂，而且在材料力学本科教学中不可能完整涉及柯西应变张量与格林应变张量（或阿尔曼西应变张量）的对比，但是往往学生们会问及多大的变形属于小变形范畴及不同模式下原始尺度的比较。本章期望通过几个材料力学教学实例说明——小变形假设适用范围的标准主要在于是否可以采用原始几何构型分析问题而不仅仅是变形是否较小。本质上，小变形假设与材料线弹性假设“定义式”的表征不同，更多体现在保证分析结果的准确性上。

本章涉及学生能力培养体系的指标点如表 9.2 所列。

表 9.2　本章学生能力培养体系指标点

能　力	对应的指标点
1. 工程推理和解决问题的能力	1.1 发现问题和系统地表述问题 1.2 建模 1.3 估计与定性分析 1.5 解决方法与建议
2. 实验和发现知识	2.1 建立假设
3. 系统思维	3.1 全方位的思维 3.2 系统的显现和交互作用 3.3 确定主次与重点
4. 个人能力和态度	4.3 创造性思维 4.4 批判性思维

第10章 量级估计在材料力学问题分析中的作用

简要说明：利用假设条件简化理论分析的难度是自然科学研究的通用方法，该特征在材料力学分析方法中尤为突出，例如材料特征的连续、均匀、各向同性假设；材料使用范围的线弹性假设；分析状态的小变形假设；以及对应于杆件拉压、圆轴扭转与弯曲变形特征的平面假设。在“享受”这些假设带来分析过程简化便利的同时，说明假设的合理性不仅是理解结论适用范围的基础，也是培养学生解决复杂系统工程问题能力的重要环节，本章采用量级估计的方式，说明材料力学基本变形量之间的关系及常见简化假设的基础，为教学活动中解释相关问题提供参考。

10.1 目的与意义

本章中的量级估计泛指具有相同物理意义的物理量或无量纲量之间的比较，并不限定于数学上有严格约定的数量级定义与相关问题。

无论在科学研究还是工程设计领域，基于某类假设进行问题简化是一种常见手段。作为机械大类的专业基础课，材料力学的分析方法充分体现了这一特征，其中包括学生最为熟悉的材料连续、均匀、各向同性假设和三种基本变形模式中的平面假设。

事实上，绝大多数假设条件只是最终给出的结果，其依据往往是各相关物理量包括无量纲量的比较：针对特定问题，如果某些量相比其他量非常小，这些量或者其造成的影响将被忽略，这是假设简化的立足点。当然也有一些假设本身就是事实，只不过不是由理论分析而是由实验现象得出的猜测，例如上面提及的平面假设，更大程度上是为了避免引入复杂的数学推导，即便如此，基本解适用范围的讨论也往往是基于物理量的量级估计。

材料力学的问题分析中存在大量的量级估计，但是教材中通常只是给出了结论并没有做细节论述，作为教师需要了解相关细节便于回答学生提问，或者将其作为研讨课的素材。

本章内容来源于教学实践中对理论公式适用范围描述的细节，其中大部分归结于材料力学研究对象三维尺寸的差异和小变形条件下变形量的大小，注意到这一点对于材料力学教师把握引导方向有一定的参考价值。

10.2 基本变形模式之间变形量的量级估计

拉压、扭转与弯曲是绝大部分材料力学教材提及的三种基本变形模式[1-3,27]，其变形公式分别为

$$\Delta l=\frac{Fl}{EA} \tag{10.1}$$

$$\varphi=\frac{Tl}{GI_P} \tag{10.2}$$

$$w=\frac{Fl^3}{3EI} \tag{10.3}$$

式(10.1)～式(10.3)分别为一端固定一端自由的均匀截面(扭转为圆与圆环截面)直杆承受轴向载荷 F、轴向力矩 T 与横向载荷 F 的自由端轴向位移(拉压变形)、扭转角(扭转变形)与挠度(弯曲变形)，其中杆件长、宽、高分别为 l、b、h(圆形半径为 r)，E 与 G 分别为材料弹性模量与剪切模量，A、I_P 与 I 分别为杆件横截面面积、极惯性矩与(轴)惯性矩。

上面三式中拉压与弯曲变形的量纲同为长度，而扭转变形为无量纲的角度，所以首先基于物理意义比较拉压与弯曲变形的量级。在结构与载荷大小相同的情况下

$$\frac{\Delta l}{w}=\frac{Fl}{EA}\frac{3EI}{Fl^3}=\frac{1}{4}\left(\frac{h}{l}\right)^2 \tag{10.4a}$$

或者

$$\frac{k_S}{k_B}=\frac{EA}{l}\Big/\frac{3EI}{l^3}=4\left(\frac{l}{h}\right)^2 \tag{10.4b}$$

式中，k_S 与 k_B 分别为杆件拉伸与弯曲刚度。很明显，对于常见的工程长梁，拉压变形比弯曲变形至少低 2～3 个量级，或者换言之，拉压刚度比弯曲刚度至少大 2～3 个量级。

认识到这个量级差异不仅对于后续讲解能量原理中各部分的取舍有益，更重要的是对于学生理解结构设计中梁杆尺寸匹配，包括传感器的细节设计有帮助。图 10.1 所示为目前的研究热点柔性电子器件的典型结构细节，为了获得拉伸方向(x 方向)较大的柔度，弯曲微梁是主承力结构的周期单胞。图 10.2 所示为加速度传感器的微机械梳状结构，利用垂直于测量方向(x 方向)的微梁(AA 与 BB)较大的弯曲变形来明显改变器件的电容，从而表征 x 方向的加速度。

除此之外，还有大量力传感器、压力传感器、温度传感器都是利用微梁结构放大测量灵敏度，这种利用梁长度的方次效应提高灵敏度的模式与利用镜面偏转光路放大位移的模式类似，甚至可以联合使用——在微纳米材料性能测试领域，纳米压痕仪(包括原子力显微镜)利用了微梁变形＋激光光路偏转，极大提高了位移(变形)测量的灵敏度，目前医学界的大量检测设备也都使用了该方式。该领域类似的结构形式

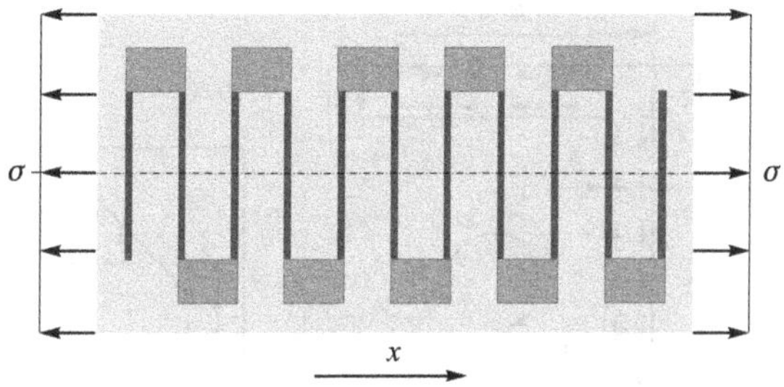

图 10.1　柔性器件微梁结构示意图

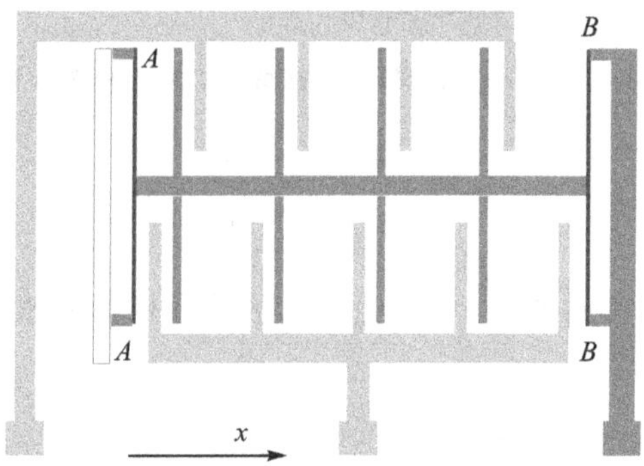

图 10.2　加速度传感器梳状结构微梁示意图

非常多，教师可以查找相关图片作为教学讲解实例。

其次，圆轴扭转导致的最大线位移与横截面半径相关，与挠度 w 相比较

$$\frac{r\varphi}{w}=\frac{rTl}{GI_{\mathrm{P}}}\,\frac{3EI}{Fl^{3}}=3(1+\mu)\,\frac{T}{Fl}\,\frac{r}{l} \tag{10.5a}$$

为不失一般性，考虑一对作用在端面上的 F 形成的扭力矩，即 $T=2Fr$ 的情况，则

$$\frac{r\varphi}{w}=6(1+\mu)\left(\frac{r}{l}\right)^{2} \tag{10.5b}$$

由此可见，一般情况下，扭转造成的最大线位移相比弯曲挠度也有 2 个量级的差异，与拉压变形量基本相当。

这里考虑一种特殊情况——开口薄壁杆件的扭转。材料力学教材中强调，开口薄壁结构相比闭口薄壁结构，前者应力大，变形更大。切应力大的原因常常使用图 10.3 加以说明[3]（图 10.3 中为了符号标注清晰，薄壁构件截面的壁厚画的比较大，实际情况应该更薄）。

在相同扭矩条件下，开口薄壁形成微扭矩的臂长 δ_i 相比闭口的臂长 h_i 小很多，所以开口薄壁扭转切应力远大于闭口薄壁扭转切应力。事实上，也可以通过观察图 10.3 看出开口薄壁变形大的原因：横截面每一段类似于一段梁，扭转角引入的线位移也与弯曲挠度相似，差异在于边界约束条件。开口薄壁变形的扭转角公式为

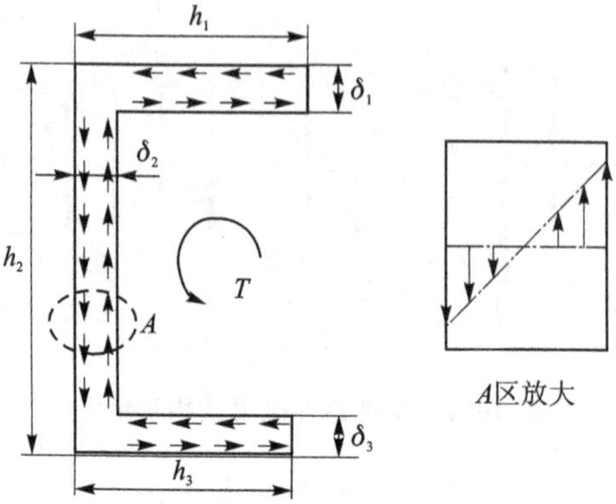

图 10.3　开口薄壁扭转变形横截面切应力分布示意图

$$\varphi=\frac{Tl}{GI_t}=\frac{3Tl}{G\sum_{i=1}^{n}h_i\delta_i^3} \tag{10.6}$$

其中，I_t 的模式类似于弯曲惯性矩，由此可以估计开口薄壁扭转线位移相比弯曲挠度的量级

$$\frac{\tilde{h}\varphi}{w}=\frac{Tl\tilde{h}}{GI_t}\frac{3EI}{Fl^3}\sim\frac{3(1+\mu)}{16}\left(\frac{\tilde{h}}{\tilde{\delta}}\right)^3\left(\frac{\tilde{h}}{l}\right)^2 \tag{10.7}$$

其中，$\tilde{h}$、$\tilde{\delta}$ 分别表示与 h_i、δ_i 同量级的量。上式表明两种位移基本相当，具体取决于杆件长度、横截面尺寸与壁厚之间的相互关系，由此可见薄壁结构开口将造成较大变形，极大降低了扭转刚度。

10.3　基本变形模式中变形量的量级估计

除了不同变形模式之间的比较，同一种变形模式中也存在不同方向或者类型的位移(变形)量，例如在弯曲变形模式中使用挠曲轴作为唯一参量表征弯曲变形，其简化基础中包含忽略原始轴线方向的位移 Δ，对于悬臂梁自由端承受集中力的情况，由挠曲轴总长与其水平轴投影之差[26]得

$$\Delta\approx\frac{F^2l^5}{15E^2I^2},\qquad \frac{\Delta}{w}=\frac{3}{5}\frac{w}{l} \tag{10.8}$$

由此可见，在小变形条件下，自由端截面形心的水平位移相比轴线挠度属于高阶小量。

事实上，在弯曲应力章节中，弯曲正应力公式由纯弯曲扩展到横力弯曲是最为关键的适用范围推广，其基础是忽略了剪切效应对轴向应变的影响。该部分可以分以下两种情况进行讨论：

(1) 如果分布载荷 $q=0$(见图 10.4(a)),则不同截面翘曲程度完全一致($aa'=bb'$),截面翘曲并不显著影响轴向正应变及其相互关系,所以由纯弯条件导出的正应力公式可以推广到横力弯曲;

(2) 如果分布载荷 $q\neq 0$(见图 10.4(b)),则不同截面翘曲程度不同($aa'\neq bb'$),剪切效应影响轴向应变,所以由纯弯条件导出的正应力公式推广到横力弯曲不正确,但对于长度大于高度 5 倍以上的工程长梁,该公式仍然满足工程计算精度。

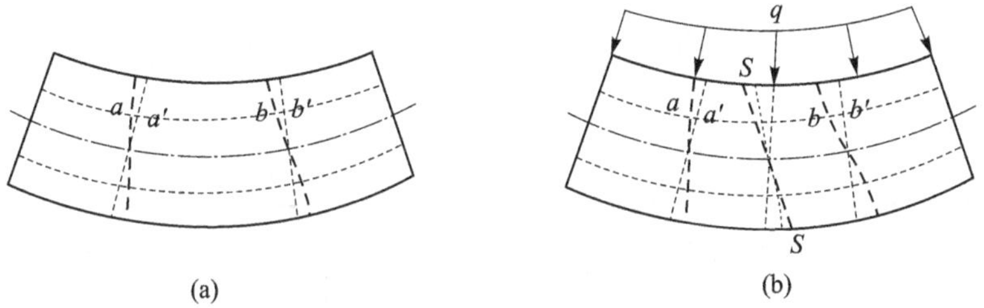

图 10.4　横力弯曲截面翘曲影响示意图

对于第二种情况,教材中均未给出证明或原理性说明,利用三维弹性理论[7,9]或者有限元数值结果进行解释一定可行,但是从材料力学教学的角度,使用量级估计对于学生理解与掌握更加合适。为了不引入过于复杂的表达式,并考虑到讲解弯曲应力部分时还未涉及广义胡克定律,所以此处不涉及由于横向挤压应力造成的轴向应变(事实上,挤压应力最大值为分布载荷 q,其与轴向正应力有较大差异,由此引入的偏差也是小量),而仅仅考虑剪切效应的影响。

以中性轴处的切应变估计剪切效应的影响(见图 10.4(b)中的 SS 线),则

$$\varepsilon_x^q \leqslant \frac{3}{2}\frac{y}{GA}\frac{(F_S+\mathrm{d}F-F_S)}{\mathrm{d}x}=\frac{3}{2}\frac{qy}{GA} \tag{10.9}$$

$$\frac{\varepsilon_x^q}{\varepsilon_x^M} \leqslant \frac{3}{2}\frac{qy}{GA}\frac{EI}{My} \sim \frac{(1+\mu)}{4}\left(\frac{h}{l}\right)^2 \tag{10.10}$$

其中,ε_x^q 与 ε_x^M 分别表示剪切与弯曲引入的轴向正应变,式(10.10)中弯矩 M 采用 ql^2 进行量级估计,其比值展示了二者有两个量级左右的差异,同时也为讲解梁长高比为 5 的判据提供了理论依据。

剪切效应不仅影响正应力分布,也影响弯曲变形(挠度),关于该部分的描述在经典教材中都有体现[3],其量级比同样等于梁高长比的平方,这里不再赘述。

10.4　变形协调分析中的量级估计

在平面应变状态应变分析部分[3],图 10.5(a)表征的是当仅存在切应变 $\gamma(\varepsilon_x=\varepsilon_y=0)$时,$\alpha$ 方位应变与 γ 的变形协调关系。与另外仅存在 $\varepsilon_x\neq 0$ 或 $\varepsilon_y\neq 0$ 的状态不同,此变形协调图为了便于在原始几何构型上表征变形量,对变形状态进行了简化:

仅 $\gamma\neq0$ 状态下，原始矩形 $OABC$ 应该变形为 $OAB''C''$（见图 10.5(b)），而不是 $OAB'C'$。在教学活动中对此提出疑义的学生不在少数，为了解决学生的疑惑，除采用 $OAB''C''$ 展示推导过程会导致表达式较复杂外，对由此带来的偏差进行量级估计是有益的。

观察图 10.5(a)中与应变分析相关的各量，主要是 $\gamma\mathrm{d}y$ 及与之同量级值，与采用 $OAB''C''$ 模式造成差异的量级为 $\Delta\mathrm{d}y=(1-\cos\gamma)\mathrm{d}y$（见图 10.5(b)）

$$\frac{\Delta\mathrm{d}y}{\gamma\mathrm{d}y}=\frac{1-\cos\gamma}{\gamma}\approx\frac{\gamma}{2!}-\frac{\gamma^3}{4!}<\frac{\gamma}{2} \tag{10.11}$$

在小变形条件下 $\gamma\ll1$，由此可知，这种简化对变形协调中各量造成的偏差属于高阶小量，不影响后续结论的正确性。

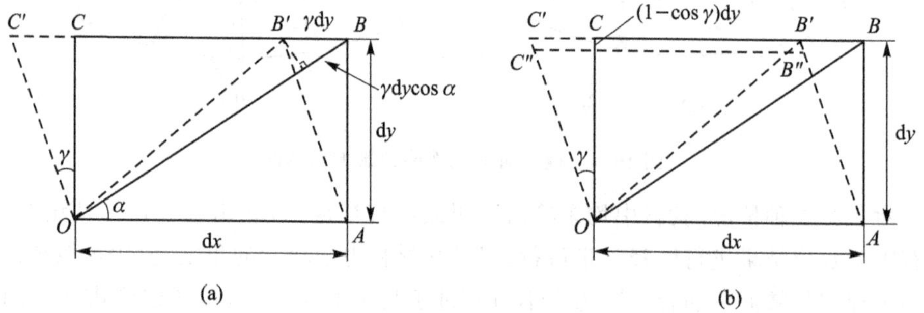

图 10.5　平面应变状态纯剪变形协调示意图

类似的情况在变形协调分析中还有不少，包括学生们最熟悉的切线代圆弧，尽管材料力学中切线代圆弧方法被广泛使用，但并无推导式证明，只有部分章节中的例题或习题的数值结果可以验证结论。事实上，使用量级估计的方式更为简洁也便于学生理解，以最早出现该方法的桁架节点位移分析为例（见图 10.6）：

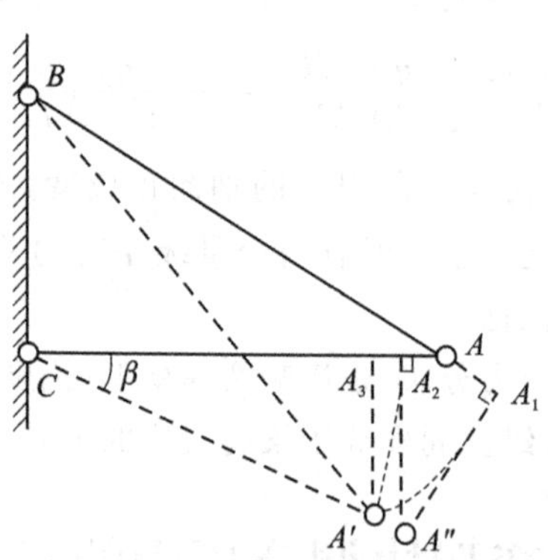

图 10.6　桁架节点位移分析变形协调示意图

如果采用切线代圆弧的方法，图 10.6 中 A 点水平位移为 AA_2（AC 杆的变形量）。如果按照圆弧相交的方法，A 点水平位移为 AA_3，二者差异为 A_2A_3，使用量级估计的模式可得

$$A_2A_3=(l_{AC}-\Delta l_{AC})(1-\cos\beta) \tag{10.12a}$$

$$AA_2=\Delta l_{AC}\sim A_2A''\sim A_3A' \tag{10.12b}$$

$$\frac{A_2A_3}{AA_2}\sim\frac{(l_{AC}-\Delta l_{AC})(1-\cos\beta)}{(l_{AC}-\Delta l_{AC})\sin\beta}<\frac{\beta}{2} \tag{10.12c}$$

在小变形条件下 $\beta\ll 1$，由此可见切线代圆弧方法对节点位移求解造成的影响可忽略，垂直方向的影响与之类似，此处不再赘述。

10.5　小结与建议

基于一定的假设进行问题简化是一种常见的分析方法，提出假设并简化问题的分析难度很大程度上是基于量级估计，即评估不同因素对问题影响的程度。

本章挑选了部分在材料力学教学过程中可以使用量级估计说明简化假设的实例，多与变形量相对大小有关，最终的结论往往归结于杆件不同方向尺寸的差异和小变形条件下变形量的大小，从而以另一个角度审视材料力学以杆件作为研究对象的目的：正是基于不同方向几何尺寸的差异，应力与变形的分析过程得到了极大的简化，使材料力学分析方法有别于弹性力学成为相对独立的模式。

量级估计不仅仅用于理论分析，该方式在解决实际工程问题中更为重要：事实上，工程实践中最能体现科技人员素质之处在于解决非常规的问题与状况，例如现有的分析软件或实验设备不具备完全对应的功能，此时需要科技人员基于量级估计的方法衡量影响因素的作用进行问题转化，充分利用现有技术手段解决非常规问题，这也是培养学生解决复杂系统工程问题能力的重要方面。

本章涉及学生能力培养体系的指标点如表 10.1 所列。

表 10.1　本章学生能力培养体系指标点

能　力	对应的指标点
1. 工程推理和解决问题的能力	1.1 发现问题和系统地表述问题 1.2 建模 1.3 估计与定性分析 1.5 解决方法与建议
2. 实验和发现知识	2.1 建立假设
3. 系统思维	3.1 全方位的思维 3.3 确定主次与重点 3.4 解决问题时的妥协、判断与平衡
4. 个人能力和态度	4.3 创造性思维 4.4 批判性思维

第11章　工字截面弯曲切应力分布辨析

简要说明：工字形截面是材料力学薄壁结构的典型代表，部分教材与教学的课件中对于弯曲切应力分布部分存在问题与争议，本章利用简化模型与力平衡条件给出理论分析结果，同时给出了有限元分析结果作为研讨性教学的素材。

11.1　目的与意义

材料力学以杆件为主要研究对象，在课程基本理论讲解中最常见的杆件横截面是矩形与圆形，而工字形截面的出现源于弯曲梁合理强度与刚度设计中把材料置于高应力区(或者在相同横截面积条件下提高截面抗弯截面系数与惯性矩)，加之基于此原因的工程型材应用广泛，所以作为薄壁截面典型代表的工字截面的弯曲问题成为材料力学教学内容的重要部分，包括弯曲正应力、弯曲切应力、应力应变状态、强度理论与组合变形分析。

对于工字形截面切应力分析的教学，从理论上应该没有歧义：相比矩形截面，基于薄壁结构的特征，工字形截面弯曲切应力方向假设与大小分布假设与真实情况符合程度更高；分析方法与矩形截面一致——基于相邻截面弯曲正应力合力差的平衡条件。在课程教学与习题讨论中容易引发争议的部分在于腹板与翼缘交界区域的应力分布：由于存在应力集中现象，故在弯曲切应力部分的教学过程中该区域的应力分布一般不作教学要求，仅仅给出大致分布图形即可；但是后续的应力应变状态分析与组合变形强度条件中，工字形截面梁(或T形截面梁)在强度分析中往往作为最为常见的截面形式出现，而且还涉及危险点的确定与强度理论的选择，所以在细节讨论时又不可避免涉及应力分布细节。

事实上，相对于常见的矩形或圆形截面，按照材料力学简化假设分析方法，工字形截面的面内应力分布规律可以由静力平衡完全确定，并不需要更多的变形协调论证。加之利用不同分离体模型进行平衡分析在材料力学习题中多有出现，例如扭转圆轴与弯曲梁的半模或四分之一模型的力(矩)平衡分析[2,3,27]，所以本节给出相关疑点与讨论，可以作为研讨性课程的补充素材。

11.2　教学内容的回顾与问题表述

图11.1所示为材料力学教材中工字形截面梁横力弯曲典型图样，图中剪力沿y轴向下，z轴为工字形截面的中性轴，二者均为截面对称轴。图11.1中标出了当剪

力沿 y 轴正向时弯曲切应力的方向，当翼缘厚度 δ_f 和腹板厚度 δ_w 远小于中心线高度 h_0 和截面宽度 b 时，教材及课件给出的截面弯曲切应力的分布模式如图 11.2 所示[5,6]：翼缘弯曲切应力 τ_{zx} 沿厚度均匀分布，在 z 方向线性分布；腹板弯曲切应力 τ_{yx} 沿厚度均匀分布，在 y 方向呈抛物线分布，在中性轴处达到最大值。各处的弯曲切应力计算公式均为

$$\tau=\frac{F_S S_z(\omega)}{I_z\delta} \tag{11.1}$$

式中，$S_z(\omega)$ 与 δ 分别为对应位置的静矩与厚度，I_z 为轴惯性矩。

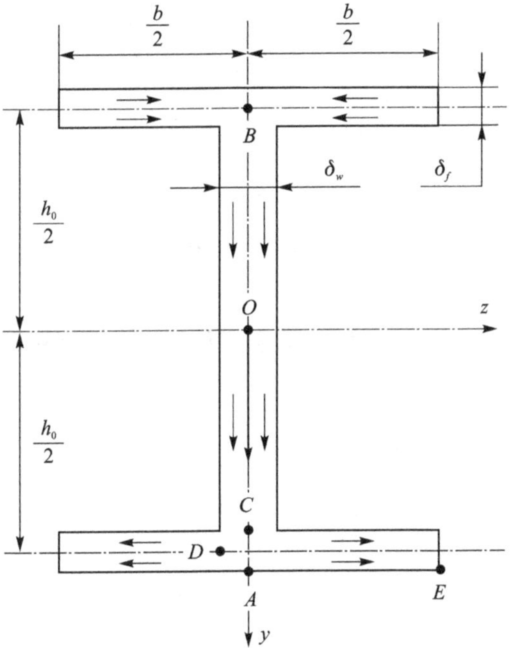

图 11.1　典型工字形梁横截面示意图

在教学过程中可能出现的问题包括：

(1) 截面几何与载荷均关于 y 轴对称，理论上对称轴处垂直于对称轴的位移(z 向位移)为零，所以 y 轴各点 $\gamma_{zx}=0$，即在 $z=0$ 的位置 $\tau_{zx}=0$，这与图 10.2 中翼缘 τ_{zx} 分布特性不符；

(2) 在强度校核的危险点选取中，图 11.1 中 A 点与 O 点无异议，为什么选取 C 点而不是 B 点？——尽管 B 点的切应力小于 C 点，但 B 点正应力大于 C 点，且一般情况下弯曲正应力大于弯曲切应力。

这类问题不仅仅关联工字形截面，也广泛存在于各种工程型材构件中，无论作为教学讲解还是后续应用，既然类似的问题不可避免，不如利用材料力学简化模型加以说明，避免该类问题成为学生心中的“灰色地带”。

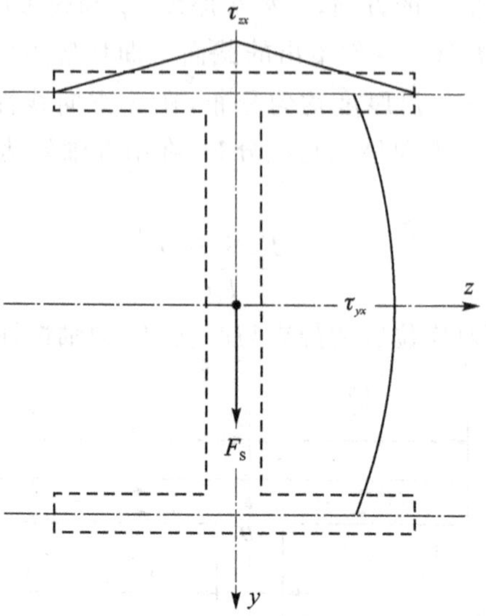

图 11.2 工字形梁中心线简图中切应力分布

11.3 翼缘部分切应力的分布

11.3.1 翼缘 z 向切应力的分布

梁弯曲切应力的求解均基于相邻截面弯曲正应力合力差的平衡条件，对于翼缘部分取分离体(取左段为代表)进行力平衡分析，如图 11.3 所示。

(1) 当 $z_1 \leqslant (b-\delta_w)/2$ 时，基于 τ_{zx} 在 $K-K'$ 截面上均布(见图 11.3(a))可得

$$\tau_{zx}=\frac{F_S\delta_f z_1}{I_z\delta_f}\frac{h_0}{2}=\frac{F_S}{I_z}\frac{h_0}{2}z_1 \tag{11.2}$$

(2) 当 $(b-\delta_w)/2 \leqslant z_1 \leqslant b/2$ 时，基于 τ_{zx} 在 $K-K'$ 截面上均布与 τ_{yx} 在 $L-K'$ 截面上均布(见图 11.3(b))可得

$$\tau_{zx}=\frac{F_S}{I_z}\frac{h_0}{2}\frac{b-\delta_w}{\delta_w}\left(\frac{b}{2}-z_1\right) \tag{11.3}$$

观察翼缘区域应力分布规律，其中有两个特殊点：

(1) 特殊点 1：$z_1=b/2$(图 11.1 中 B 点，对称轴与翼缘中心线交点)，$\tau_{zx}=0$；

(2) 特殊点 2：$z_1=(b-\delta_w)/2$(图 11.1 中 D 点，腹板边缘延长线与翼缘中心线交点)，该方向切应力为最大值，$\tau_{zx}=\frac{F_S h_0}{I_z 2}\frac{b-\delta_w}{2}$。

综上可知，翼缘中心线 τ_{zx} 的分布如图 11.3(c)所示，在对称轴 B 点为零，D 点为最大值，两段均为线性分布，以上的结论基于弯曲切应力沿厚度均匀分布。

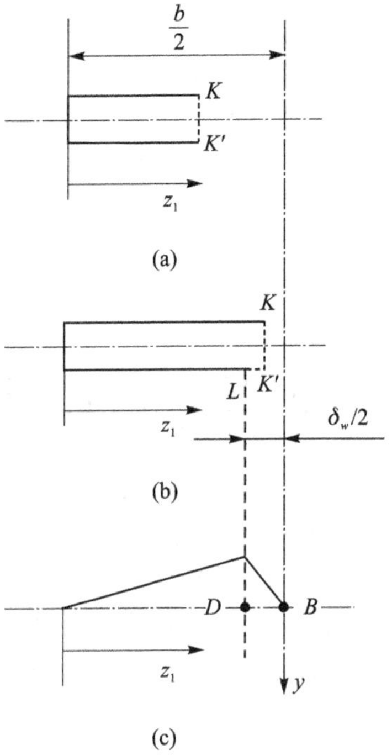

图 11.3　翼缘分离体与 τ_{zx} 分布示意图

11.3.2　翼缘 y 向切应力的分布

根据切应力互等定理，翼缘上下边缘处 y 向切应力 $\tau_{yx}=0$，加之翼缘厚度较小，由此得出翼缘内部 $\tau_{yx}=0$ 的结论。事实上，除上下边缘外均存在 y 向切应力 $\tau_{yx}\neq 0$，从平行于 z 轴纵切面的翼缘分离体平衡分析中可得到这一结论。理论上，翼缘任一纵截面上 τ_{yx} 的分布都是复杂的，无法基于材料力学的均布假设模式给出理论表达式，但为了后面与数值结果比较与分析，此处仍假设图 11.4 中 $K-K'$ 纵截面上 τ_{yx} 均布，由此给出名义值

$$\tau_{yx}=\frac{F_{S}}{I_z}\left(\frac{h_0+\delta_f}{2}-\frac{y_1}{2}\right)y_1 \tag{11.4}$$

当 $y_1=\delta_f$，即纵截面为 $L-L'$ 时，τ_{yx} 的均布模式相对准确

$$\tau_{yx}^{L-L'}=\frac{F_{S}}{I_z}\frac{h_0}{2}\delta_f\frac{b}{\delta_w} \tag{11.5}$$

由式(11.4)与式(11.5)可得 $\tau_{yx}^{L-L'}/\tau_{yx}(y_1=\delta_f)=\dfrac{b}{\delta_w}$。该间断阶跃现象源于 $K-K'$ 纵截面上 τ_{zy} 均布的假设：由于宽度尺寸突变，实际的 τ_{yx} 在宽度 b 上不可能均匀分布，这也是真实工字形截面在翼缘与腹板之间有圆弧过渡的原因——降低应力集中。

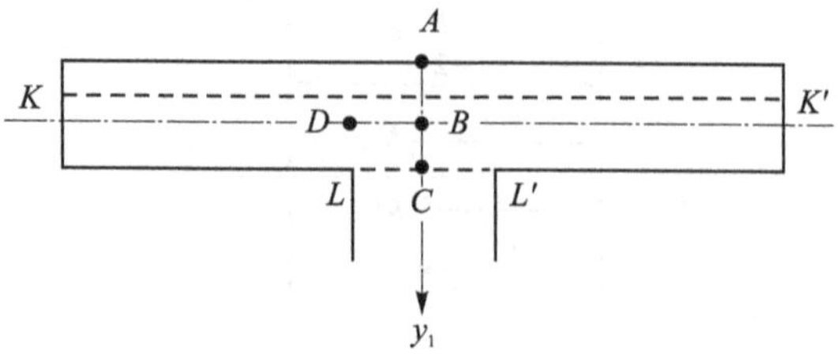

图 11.4　求解 τ_{yx} 的翼缘分离体示意图

11.4　不同位置的应力比较

在强度校核中涉及确定危险点的问题，此处估算典型位置的应力大小。按照材料力学简化方法，翼缘部分不考虑 y 向弯曲切应力 τ_{yx}，腹板部分不考虑 z 向弯曲切应力 τ_{zx}。

由以上分析可知，图 11.4 中 D 点相对 B 点更危险，所以比较 D 点与 C 点的等效应力，为了方便计算采用第三强度理论（采用第四强度理论的结论相同），等效应力的平方差为

$$(\sigma_{r3}^{D})^{2}-(\sigma_{r3}^{C})^{2}=\left(\frac{M}{I_z}\right)^{2}\frac{\delta_f}{2}\left(h_0-\frac{\delta_f}{2}\right)+\left(\frac{F_{\mathrm{S}}h_0}{2I_z}\right)^{2}\left[(b-\delta_w)^{2}-\left(2b\,\frac{\delta_f}{\delta_w}\right)^{2}\right] \tag{11.6}$$

取 $h_0\sim10\delta_f$，$b\sim10\delta_w$，$\delta_f\sim\delta_w$，$M=F_{\mathrm{S}}L$ 进行估算

$$(\sigma_{r3}^{D})^{2}-(\sigma_{r3}^{C})^{2}\approx\left(\frac{F_{\mathrm{S}}}{I_z}\right)^{2}\frac{h_0^{2}}{20}(L^{2}-15b^{2}) \tag{11.7}$$

对于一般工程长梁 $L>10b$，所以 D 点应该比 C 点更危险，材料力学习题中通常要求计算 C 点的应力主要是出于计算简便的考虑[26]。

11.5　数值结果的展示与比较

为了对工字形截面翼缘及翼缘与腹板交界区域的切应力分布有直观感受，此处利用有限元分析给出数值结果，并与上述简化理论分析（图 11.5 和图 11.6 中理论解是基于材料力学假设的结果）进行比较。如图 11.5 所示，横轴为翼缘中心线正则化位置（以翼缘中心线左边界为起始点），纵轴为切应力与 D 点 z 向切应力 τ_{zx} 的比值。图 11.5 中左边界有限元结果由于单元划分的原因不可能达到零值，除去 D 点附近区域，τ_{zx} 的分布与理论解吻合很好；翼缘中心线上 y 向两侧 70%左右区域的切应力 τ_{yx} 的确与 z 向 τ_{zx}^{D} 有量级差异，且基本均匀分布，但在翼缘与腹板交界区域 y 向切应力 τ_{yx} 快速增加至与 τ_{zx} 相当的量级，总体均值与理论分析结果相等。

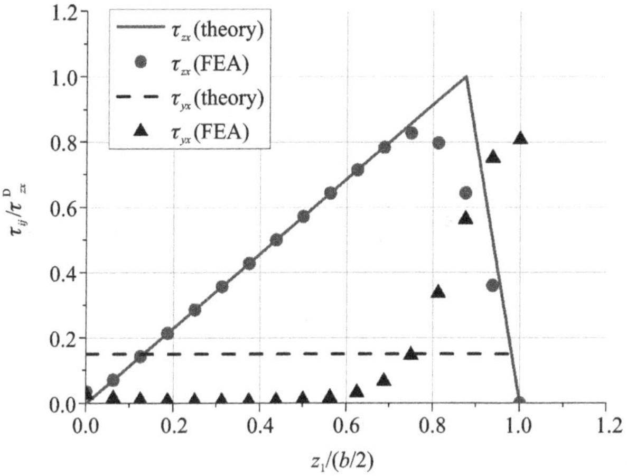

图 11.5　翼缘中心线位置 τ_{zx} 和 τ_{yx} 的分布与比较

图 11.6 给出了腹板中心线上 y 向切应力 τ_{yx} 的分布，同样横轴为腹板中心线正则化位置(以翼缘上边界为起始点)，纵轴为切应力与 O 点(工字形截面形心)y 向切应力的比值。由于交界部分应力集中存在较大差异，即有限元结果是连续分布，而简化理论解存在间断现象(图中 C 点位置)，故图中数据显示腹板 C 点(腹板与翼缘交界中心)以下部分的结果符合理论解。

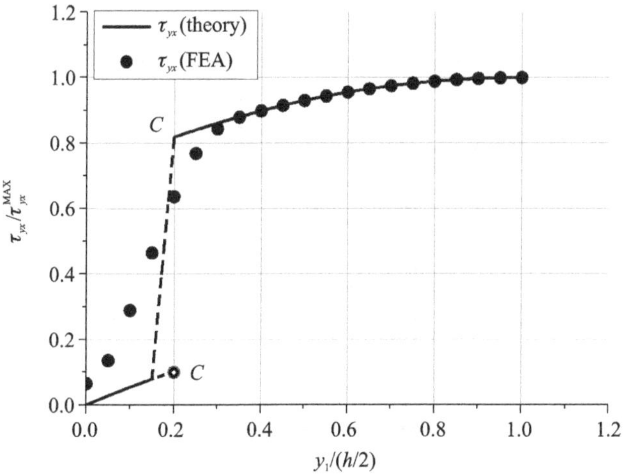

图 11.6　腹板中心线位置 τ_{yx} 的分布与比较

图 11.7～图 11.9 所示分别为 z 向切应力，y 向切应力，von Mises 应力的等高线图样，可以作为课程讲解时的展示材料，更多与过渡圆弧相关的结果可以在弹性理论书籍中找到[9]。

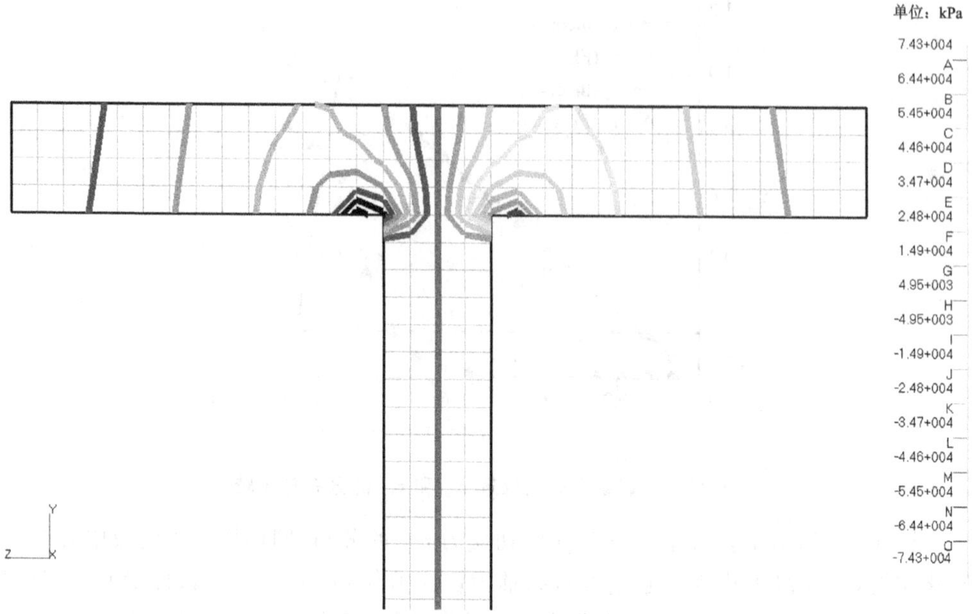

图 11.7　τ_{zx} 的有限元结果

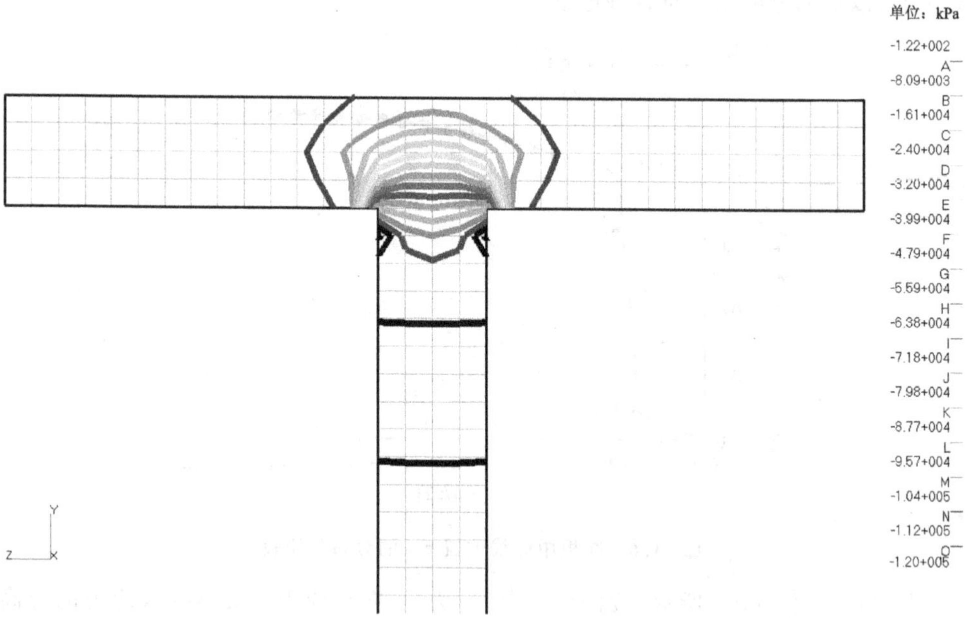

图 11.8　τ_{yx} 的有限元结果

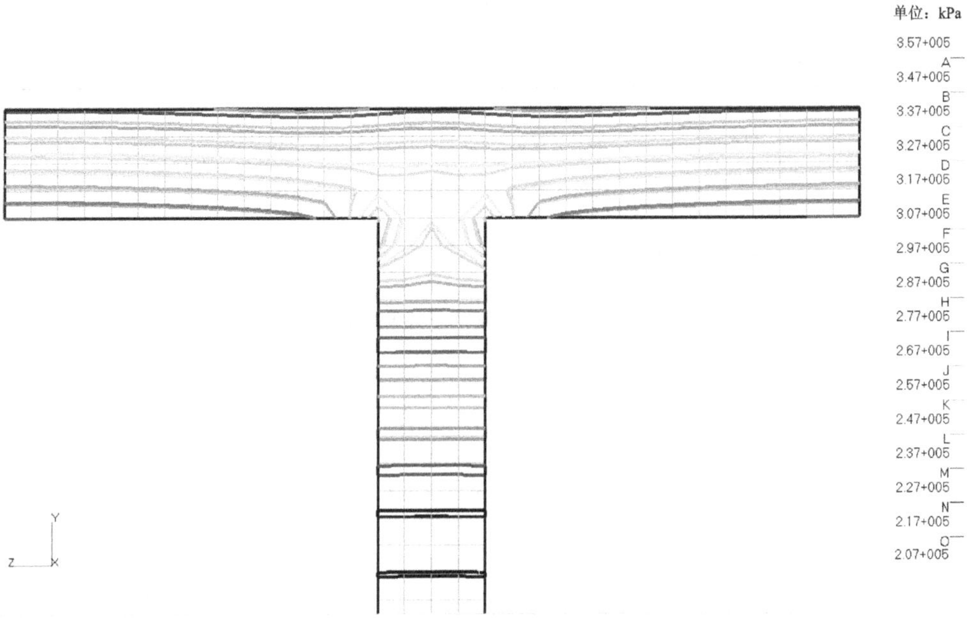

图 11.9　von Mises 应力的有限元结果

11.6　小结与建议

本章选择工字形截面作为薄壁截面梁的代表，利用简化模型的力平衡条件分析了翼缘部分的切应力分布，结果显示：

(1) 沿翼缘中心线方向的弯曲切应力分布不是单调增加，对称轴点的 z 向切应力为零；

(2) 从强度分析的视角，一般情况下，翼缘中心线部分位置相比翼缘与腹板交界中点更危险，习题中要求校核后者主要是出于计算简便性的考虑。

该部分的论述与结果看似与常规内容差异较大，但其分析方法非常简单，仅仅涉及力平衡方程，而且作为薄壁结构，工字截面弯曲切应力的方向假设与宽度分布假设更加符合实际情况。所以教师在讲解对称反对称部分之后作为疑点提出矛盾之处，要求学生自己完成相关分析是可行的。另外，分析过程中判断不同尺度均匀性假设的正确性与准确性也有助于学生的能力培养，指导教师也可以专门针对该问题展开讨论。

本章涉及学生能力培养体系的指标点如表 11.1 所列。

表 11.1　本章学生能力培养体系指标点

能　力	对应的指标点
1. 工程推理和解决问题的能力	1.1 发现问题和系统地表述问题 1.2 建模 1.3 估计与定性分析 1.5 解决方法与建议
2. 实验和发现知识	2.1 建立假设 2.2 查询印刷资料和电子文献 2.3 实验性的探索 2.4 假设检验与答辩
3. 系统思维	3.1 全方位的思维 3.2 系统的显现和相互作用 3.3 确定主次与重点 3.4 解决问题时的妥协、判断与平衡
4. 个人能力和态度	4.3 创造性思维 4.4 批判性思维

第 12 章　高阶思维训练的课程内容设计

简要说明：培养学生“高阶性”思维模式是一流课程建设的目的，具有一定“挑战度”的课程内容设计是该项工作的重点与难点。本章通过实例说明该类工作的特征，为相关课程建设的实施提供参考。

12.1　目的与意义

为了提高教学质量，2019 年开始在教育部持续推动下，一流课程（金课）建设成为全国高校教育教学改革的重点工作。作为一流课程的主要特征，“两性一度”（高阶性、创新性、挑战度）已经广泛出现在各级各类教学要求与制度中，其核心在于利用“创新性”的方法，通过具有“挑战度”的训练，达到培养“高阶性”思维的目的。

相比以记忆、理解与应用为特征的低阶思维模式，高阶思维模式（分析—评价—创造）体现在对问题的认知经历“盲目相信—众说纷纭—批判思维”的过程，最终建立基于自身理解的，对客观事物全面与深刻的认识。课程教学达成该目标的关键在于教学内容的设计——通过具有挑战性问题的教学内容与环节，引导学生全面思考与深入探究，逐步形成批判性思维模式。

对于理工科专业课程，尽管不同课程在性质与内容上不尽相同，但总体而言，通过相关内容的内在关联、假设条件的适用范围、问题的物理/数学本质引入问题与思考是可行的。

为了不偏离课程主体内容，并且考虑到受众比例，挑战性问题的课程内容设计需要满足：起点低、台阶小、空间大，这一点非常类似于各类电子游戏的设计。为了说明以上思路，本章以材料力学课程教学的一个实例展示问题引导与启发的过程。

12.2　原始问题与标准解答

挑战性问题相关课程内容设计的出发点最好基于教科书的题目与叙述，这就是所谓的起点足够“低”。

在材料力学或弹性力学中，有关功（位移）的互等定理部分有如下或类似的习题[3,9]：

图 12.1 所示为等截面直杆，承受一对方向相反、大小均为 F 的横向力作用。设截面宽度为 b、拉压刚度为 EA，材料的泊松比为 μ。试利用功的互等定理，证明杆的

轴向变形为 $\Delta l=\frac{\mu bF}{EA}$。

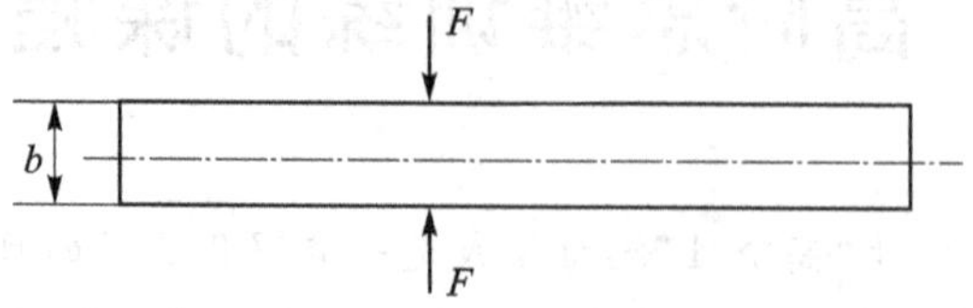

图 12.1 第一种受力状态示意图

该题目简单而典型,也常常被教师选择作为例题讲解,教科书给出的标准解答如下:

对于该杆件,构造另一种载荷状态如图 12.2 所示,在杆件上施加一对大小相等,方向相反的轴向力 F_1。

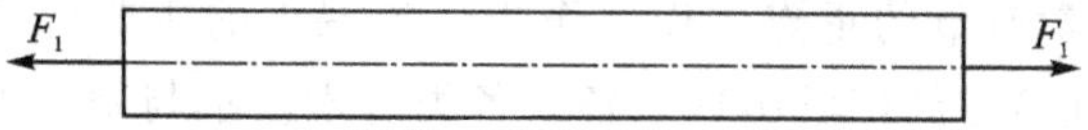

图 12.2 第二种受力状态示意图

在 F_1 作用下,杆的横向变形为

$$\Delta b=-\mu\varepsilon b=-\mu\frac{F_1}{EA}b=-\frac{\mu F_1 b}{EA} \tag{12.1}$$

根据功的互等定理,对于两种受力状态有

$$F_1\cdot\Delta l=-F\cdot\left(-\frac{\mu F_1 b}{EA}\right) \tag{12.2}$$

由此得

$$\Delta l=\frac{\mu bF}{EA} \tag{12.3}$$

12.3 提出疑惑与概念辨析

除了教科书给出的标准解答,这里展示另一种模式的证明。首先,为了方便后续讲解与符号说明,把图 12.1 中的结构画为如图 12.3 所示的三维模式,载荷 F 作用面的横向尺寸为 h,轴向长度为 l。

在 F 作用下横向应变为

$$\varepsilon_b=\frac{\sigma}{E}=-\frac{F}{Ehl} \tag{12.4}$$

轴向应变为

$$\varepsilon_l=-\mu\varepsilon_b=\frac{\mu F}{Ehl} \tag{12.5}$$

轴向变形为

$$\Delta l = \varepsilon_l l = \frac{\mu F}{Eh} = \frac{\mu bF}{EA} \tag{12.6}$$

比较式(12.3)与式(12.6)可以发现，答案完全一致。

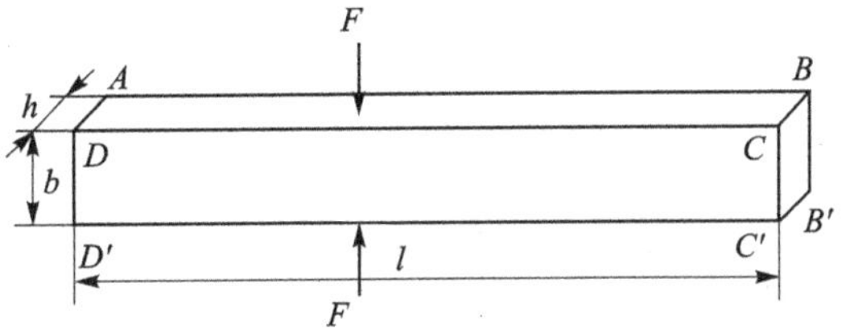

图 12.3　结构三维尺寸与图标

该证明模式并不是教师“制造”的，此例为教科书上作业题，根据笔者多年的统计数据，有 25%以上的学生给出的是第二种模式的证明过程。

事实上，从学生作业中的错误或者学生日常问题入手来引发学生思考最为合适，因为其符合学生思考问题的思维模式。

该证明的错误之处在于：面 $ABCD$ 上横向载荷 F 为集中力，在长度 l 范围内无论横向应力或应变都是非均匀分布，所以式(12.4)所得的横向应变表达式是不正确的或者对于长度 l 的范围不适用。

在对该证明“找错”的过程中，涉及概念与对象的辨析，例如应力与平均应力，集中力与分布力，微元体与分离体等方面，教师引导学生进行问题讨论是有益的。

12.4　扩展研究与理解进阶

尽管上面给出的证明是错误的，但是式(12.4)～式(12.6)给出的最终结果与正确答案完全一致，由此可以提出的下一个问题是：答案一致是一种“巧合”还是“必然”？这个问题可以随着上面讨论与讲解一次性提出，但是学生立刻就能给出比较全面的解答是不现实的，该问题可以作为思考作业题布置给学生，并根据学生完成情况组织专题研讨。为了在学生讨论时引导重点与主线，教师完成相关课程内容设计作为预案是有益的，以下问题的分析展示了逐步提升的思维训练过程。

12.4.1　载荷从均匀分布到集中作用

首先，尽管式(12.4)～式(12.6)的证明过程对于原题是错误的，但对于作用于 $ABCD$ 与 $A'B'C'D'$ 的横向均布面载 F/hl 而言(见图 12.4(a)，为了叙述简洁，受力图均为正视图，下同)，该证明过程是正确的。

其次，当均布载荷在轴向的作用范围仅为 $ABCD$ 的一个局部，例如 l_1($l_1 < l$)，且分布载荷大小为 F/hl_1(总载荷一致，见图 12.4(b))。则在 l_1 范围内与图 12.4(a)的

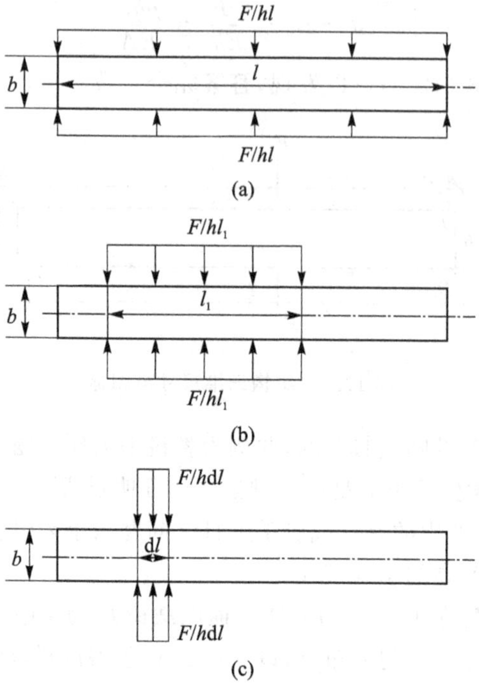

图 12.4 载荷分布范围变化示意图

情况完全一致，其他范围没有轴向变形，总的轴向变形 Δl 仍为

$$\Delta l=\varepsilon_{l_1}l_1=\frac{\mu Fl_1}{Ehl_1}=\frac{\mu bF}{EA} \tag{12.7}$$

最终，如图 12.4(c)所示，上述模式的极端情况为当 $l_1\to \mathrm{d}l$

$$\lim_{\mathrm{d}l\to 0}\Delta l=\lim_{\mathrm{d}l\to 0}\varepsilon_{\mathrm{d}l}\,\mathrm{d}l=\lim_{\mathrm{d}l\to 0}\frac{\mu F\,\mathrm{d}l}{Eh\,\mathrm{d}l}=\frac{\mu bF}{EA} \tag{12.8}$$

以上的证明过程是基于均匀应变和极限化模式，同样可以采用构造如图 12.2 所示的轴向载荷状态，利用功的互等定理得到同样结果，此处不再赘述。

从该变化过程可以看出，无论载荷分布形式与位置如何，对于静力等效的一对横向作用力，其在轴向引入的变形均为同一数值，所以 12.3 节中尽管证明过程是错误的，但答案完全一致有其必然性。

事实上，可以把以上的证明与分析结果画在一张图上(见图 12.5)：随着载荷集度的增加，在载荷作用范围内轴向变形的集度也线性增加，但总变形(对应于虚线包围的面积)保持不变，极限状态为载荷分布范围趋于零，此时变形集度趋于无穷大，但二者乘积(总变形量)为一有限值并保持不变。

以上分析过程中有多个“台阶”，每次上升的幅度不大，而且相互关系紧密，最后的总结已经在数学本质上有所体现。

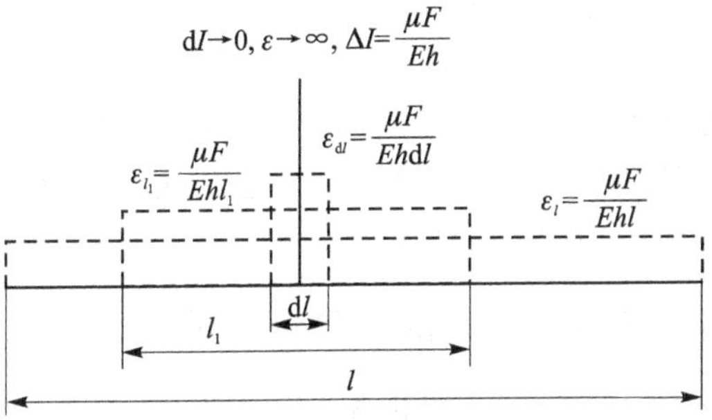

图 12.5　轴向变形集度(应变)分布与变化

12.4.2　载荷分布从局部平衡到总体平衡

观察如图 12.4 所示的各种载荷分布状态,尽管轴向分布区域不同,但横向均为对称模式,即任意局部尺度上载荷都是平衡的。如果载荷只是总体平衡而非各局部都平衡,如图 12.6 所示,轴向总变形会发生变化吗?

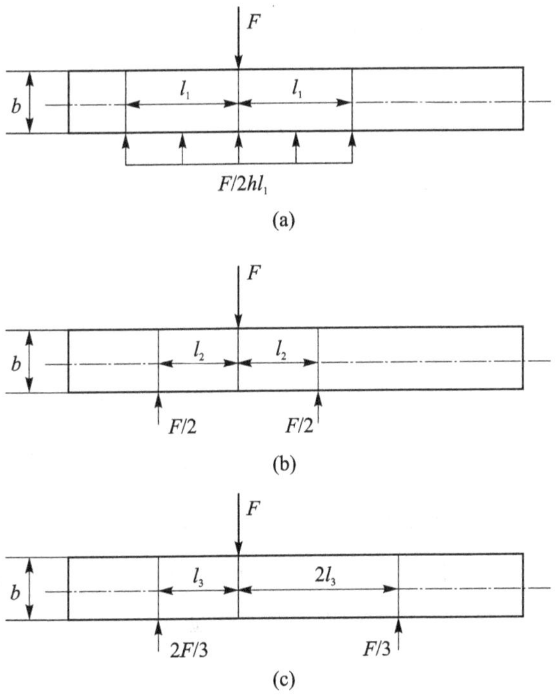

图 12.6　载荷分布平衡方式示意图

解决这类载荷分布状况比较简单的方式是采用叠加方法:

(1) 当上下表面载荷互换时,所产生的轴向变形完全相同,所以这两种载荷叠加后获得的轴向变形为单独载荷状况下的 2 倍;

(2) 叠加后的载荷可以重新分解为与图 12.4 类似的横向对称模式，可以采用 12.4.1 节中的计算方法得到完全一致的结果。

可能这种处理方式不是唯一的，但以此为基础引导学生讨论是有趣的。

相比 12.4.1 节限定于原始问题，学生主动想到这类载荷分布状况的可能性较小，但对该问题处理的方式体现了利用已有知识与方法解决新问题的灵活性。

12.4.3 载荷分布方式引入的位移量级对比

与 12.4.1 节不同，12.4.2 节中的载荷分布模式不仅导致轴向变形，而且伴随着横向弯曲变形，其分布模式的一种极端化状态如图 12.7(a)所示，相当于悬臂梁自由端承受集中载荷，如图 12.7(b)所示(受力简图)。对于该受力状态导致的轴线变形 Δl，仍然可以使用 12.4.2 节的计算方法，但是需要注意，由于弯曲变形的影响，轴线由直线变为曲线，在水平 x 方向(原始轴线方向)自由端也有水平方向位移 Δ_A。

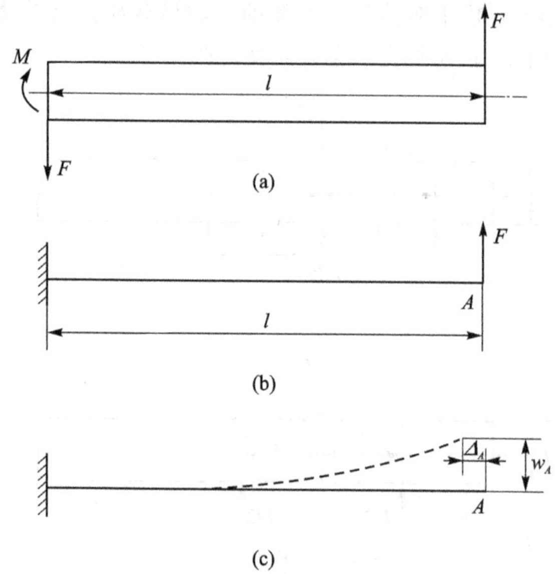

图 12.7 不同方向位移比较示意图

水平方向位移 Δ_A(见图 12.7(c))也称为曲率缩短，通过挠曲轴总长与其轴线投影之差进行计算[26]，通用计算公式是泰勒展开的近似表达

$$\Delta_A \approx \frac{1}{2}\int_l (w')^2 \mathrm{d}x \tag{12.9}$$

材料力学中梁弯曲变形的分析是基于纯弯曲率公式，忽略了剪切影响并在小变形条件下进一步简化获得挠曲轴方程。经典教材中均提及忽略梁轴线方向的位移[1-3,6](横力弯曲条件下包括曲率缩短与轴线变形)，但一般都没有给出各量量级的讨论，此处比较图 12.7 中梁的自由端挠度 w_A，自由端水平位移 Δ_A，以及梁轴线长

度变化 Δl 的量级，对于理解基本概念是有益的(为了符合梁弯曲的图注习惯，下列公式中横向载荷作用方向的截面横向尺寸改为 h)，即

$$w_A = \frac{Fl^3}{3EI} \tag{12.10a}$$

$$\Delta_A \approx \frac{F^2 l^5}{15E^2 I^2},\quad \frac{\Delta_A}{w_A} = \frac{3}{5}\frac{w_A}{l} \tag{12.10b}$$

$$\Delta l = \frac{\mu F h}{EA},\quad \frac{\Delta l}{w_A} = \frac{\mu h^3}{4l^3} \tag{12.10c}$$

在小变形条件下，各量相对于梁长度均为小量，挠度 w_A 是学生们非常熟悉的量，根据式(12.10b)与式(12.10c)中 w_A 的比较，水平位移 Δ_A 与轴线长度变化 Δl 均为挠度 w_A 的小量，相对而言

$$\frac{\Delta_A}{\Delta l} = \frac{Fl^5 b}{15\mu EI^2} = \frac{144}{15\mu}\frac{F}{EA}\left(\frac{l}{h}\right)^5 \tag{12.11a}$$

将最大弯曲应变 $\varepsilon_M = 6\dfrac{F}{EA}\dfrac{l}{h}$ 代入得

$$\frac{\Delta_A}{\Delta l} = \frac{144}{90\mu}\varepsilon_M\left(\frac{l}{h}\right)^4 \tag{12.11b}$$

以常见弯曲应变范围 $\varepsilon_M = 1\times10^{-4} \sim 1\times10^{-3}$ 代入上式评估比值，对于工程长梁，一般情况下 Δ_A 至少比 Δl 大一个量级。

梁的横向位移与曲率缩短都有非常明显的长度放大效应，与挠度 w_A 和水平位移 Δ_A 不同，轴线长度变化 Δl 与梁的长度无关，这是其相对较小的主要原因。

该部分的讨论关联了课程内容中的不同章节，而且需要查阅资料与推导相关数学公式，体现了思维训练的深度与广度，展示了课程内容设计的“空间大”。

12.5　小结与建议

知识结构与能力培养是专业培养目标的核心内容，课程教学的最终目的体现在支持学生知识学习并达成能力培养。在高阶性思维能力的训练环节中，教师主导的课程内容设计是重点也是难点，这里给出以下几点一般性原则：

(1) 问题的引入不能完全脱离教材内容，须适合大部分学生认知水平，从教材原文、例题与习题出发是上佳选择；

(2) 问题最终可以通过简单的分析运算获得非常明确的结论，工程实际问题影响参数较多且分析数据过于繁杂，更适合课程教学的背景介绍与应用扩展，不宜作为课堂教学深入研讨的内容；

(3) 问题的讨论可以在多个层次展开，并关联教材不同章节，便于学生进行概念辨析和知识体系构建，但是需要特别注意层次进阶的编排，这是支撑学生学习的方法体现。

为了说明主体思路，本章从一个学生作业与问题出发，展示了如何引导批判性思维训练过程，希望能给相关课程内容设计提供参考。

本章涉及学生能力培养体系的指标点如表 12.1 所列。

表 12.1　本章学生能力培养体系指标点

能　力	对应的指标点
1. 工程推理和解决问题的能力	1.1 发现问题和系统地表述问题 1.2 建模 1.3 估计与定性分析 1.5 解决方法与建议
2. 实验和发现知识	2.1 建立假设 2.3 实验性的探索 2.4 假设检验与答辩
3. 系统思维	3.1 全方位的思维 3.2 系统的显现和相互作用 3.3 确定主次与重点 3.4 解决问题时的妥协、判断与平衡
4. 个人能力和态度	4.2 执着与变通 4.3 创造性思维 4.4 批判性思维

第13章　材料力学中的人物事件与课程思政

简要说明：为了实现"立德树人"的教育目标，近年来教育部大力提倡与推进"课程思政"，其课程设计的难点在于如何实现科学知识传授与思想品德培养的有机统一。尽管不同课程各有其特色、专业教师经历各异，但对于所有自然科学的专业课程而言，描述学科知识的发现过程、展示人物研究经历、培养学生思维模式与意志品质，这是一种具有共性的通用方法。本章通过讲述与引申在材料力学教材中出现的人物事迹，展示在材料力学教学过程中充分利用人物背景与研究过程的意义。

13.1　目的与意义

中国古代的教育理念是育人先育德，注重传道授业解惑、育人育才的有机统一。课程思政在本质上也是一种教育，目标是实现立德树人，其主要形式是将思想政治教育元素，包括思想政治教育的理论知识、价值理念以及精神追求等融入各门课程，对学生的思想意识、行为举止产生潜移默化的影响。

材料力学作为工科院校的公共基础课，在本科教学中的地位毋庸置疑。如何在教学过程中提高学生的兴趣、避免单调枯燥、更进一步做到教书育人，这是每一位教师都会思考的问题，而使用适当的人物故事或工程事件作为基本概念的引入和理论应用的实例是工科教学中常用的方法。

作为材料力学中的工程实例，其选择往往与学生的专业背景相关。相对而言人物的选择比较固定，均是在材料力学学科发展过程中作出显著贡献者，对这些典型人物的生平与事迹进行引申，而不是仅仅停留在"提及"的层次，往往能在基本概念引入、研究方法训练、性格品行培养等方面收到良好效果。下面以经典材料力学教材[1-5]中均会提及的人物作为例证说明。

13.2　伽利略(Galileo，1564—1642)

首先提及伽利略并不是因为依据历史时间顺序，也不仅仅因为他在具体现象的分析中给出了精彩的结论，而是由于他在自然科学研究方法上开创性的贡献：实验观察—假说提出—理论分析—实验验证。这种研究方法为整个自然科学体系的建立奠定了基础。作为工科院校的基础课，材料力学的研究方法当然也不例外。从本科阶段课程安排的顺序而言，材料力学应该是第一门与工程分析方法紧密联系的课程，在课程的讲授中反复印证了以上的研究模式。以“方法为先、内容次之”的教学思想指导，在绪论的讲解中以伽利略的研究方法进行引申，在学生脑海中留下该方法的初步印象，为拉压杆、扭转轴、弯曲梁的应力分析过程打下伏笔，正所谓“草蛇灰线，伏延千里”，看似“散漫”实是重点。学生初听之时仅仅是有趣的故事，课程近半之后细细品味才觉“回味无穷”。

除此之外，伽利略在力学研究中的成就也是很好的素材，但在绪论讲述阶段并不宜全盘托出，因为此时学生对材料力学的内容与体系没有概念，讲解伽利略的具体成就不会给学生留下深刻印象，不如分解到后续章节。尽管成就不宜过早推出，但伽利略在书中提出的一些问题对于将要学习材料力学课程的学生却有着极大的吸引力，有如悬疑故事的开篇。现摘录其中的两段[11]（相关图形见图 13.1）：

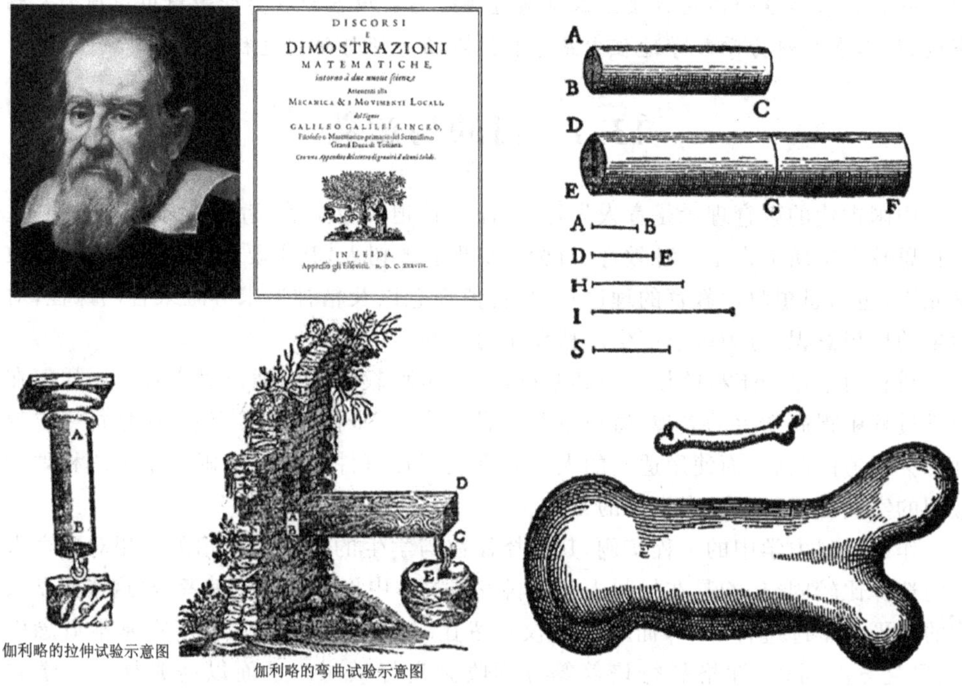

图 13.1　伽利略相关论述与图片

伽利略对自然界的观察：“一个小型方尖塔、柱子，无论平放或者直立都不会有发生断裂的危险，而那些很大的物体则在稍微触动下就很容易崩散破碎……无论是人工的或天然的结构物，都不可能将尺寸增加到非常大。同样也不可能将船只、宫殿或庙宇造得非常巨大的同时，还能使它们的船桨、庭院、梁、铁螺栓以及其他部件结合在一起。自然界也不能生长出异乎寻常的大树，因为树枝在其本身重量的作用下会折断。因此如果人、马或其他动物的身体异常高大，那么这些动物的骨骼组织就不可能结合在一起来完成其正常的机能。因为增加高度只能通过较平常骨骼更硬、更强力的材料或者借助放大骨骼才能达到目的，这样会改变它们的形体，致使它们的形状变成一个怪物……如果缩小物体的尺寸，该物体的强度并不按同样比例减小。实际上物体越小，它的相对强度反而越高。因此，一只小狗有可能在它的背上驮起三只同它一样大的狗，但是我相信一匹马甚至连一匹和它一样大的马也驮不起。”

伽利略谈及大自然中材料应用的实，例如空心结构：“不通过增加重量而能大大提高强度的材料在自然界非常普遍，例如鸟类的骨骼，很轻但能高度抗弯和抗断裂的各种芦草秆。一根麦秆所负载的麦穗较整个麦秆要重得多，如果麦秆是用同样多的材料做成实心形状，那将降低其抗弯和抗断裂的能力。一根空心枪杆和一根木制或金属制的圆管比同长度同重量的实心杆要强得多，这是一个已在实际应用中被证实的经验。”

这些总结与例证之所以有“魅力”，归结于它们在日常生活中随处可见，但绝大多数人并不知道其中的道理，此时用它们挑起学生的好奇心，会大大增强学生对课程的兴趣。

13.3　胡克(Robert Hooke,1635—1703)

胡克在材料力学教学中被提及是因为材料本构关系，但简单地把胡克与胡克定律进行关联，其课堂效果并不理想，因为学生早已习惯每个定理定律总有证明与发现者。而详细给出胡克对该实验的描述是有益的。1678 年，胡克发表了“弹性能”的论文，文中描述了其实验工作[11](相关图形见图 13.2)：“取一根长 20，30 或 40 英尺①的金属丝，将其上端和钉子系牢，系上一个弹簧秤以承受砝码，使用两角规测量秤底与地面间的距离，将该项距离记录。然后将几个砝码加到秤上，测量该金属丝的伸长量并记录，通过比较该金属丝的几个伸长量，便可看到由砝码造成的伸长量彼此之间一直存在着相同的比例。”胡克还描述了螺旋弹簧，表弹簧以及横梁在不同载荷下变形之间的比拟关系。由此总结：“在任何弹性体内的自然规律和定理是：物体使自己回到自然位置的力和功率始终与所移动的距离或空间位置成正比……从这个原则出发，很容易算出各种弓及古人所使用弩炮的强度，也很容易计算出表弹簧的适宜强度，同样可以说明弹簧与受拉绳索等时振动的原因……”

在这里详细给出其关于实验的论述，原因有二：

(1) 首先，展示具体的实验装置与过程，可以让学生认识到科学实验与发现其实并不神秘，但是需要巧妙的设计、细致的实验与认真的数据总结。培养学生动脑与动手能力本身就是大学教育的主要任务之一；

(2) 其次，胡克并没有把工作简单停留在数据总结上，其对该定律可能应用领域的描述展示了科学研究与工程应用相结合的紧密关系。作为工科院校学生，认识到

① 1 英尺＝0.304 8 m。

科学研究与工程应用的关系是非常重要的。

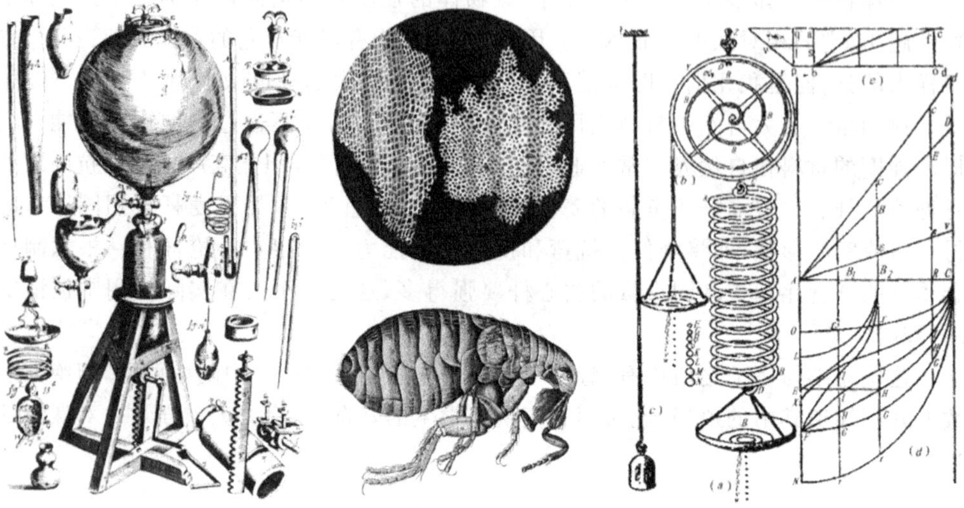

图 13.2 胡克制作的实验相关设备与显微绘图、弹簧实验绘图[28]

另外，谈谈胡克于 1666 年 5 月 3 日在英国皇家学会上的有趣演讲[11]："我将说明与现在任何人所想象的极不相同的一个世界体系，它是在下列三种情况下被发现的：

(1) 所有的天体不仅它们的各部分对它们自己的共同中心有万有引力存在，而且在作用范围内物体彼此之间也存在着引力；

(2) 一切做简单运动的物体将继续沿直线运动，除非有偏斜的外力持续不断地作用其上，才会使其运动轨迹变为一个圆、一个椭圆或其他曲线形状；

(3) 物体相距越近，这种引力将越大，关于增大距离以使此力减小的问题，其中比例如何，虽然我为此做过一些实验，但我自己没有找到结果，我将留给对这一工作有充分时间和知识储备的人来完成它。"

向学生讲述这段有趣的演讲并不仅仅在于展示胡克的成就，更重要的是说明知识的积累与研究的进程，牛顿曾经提及自己是站在"巨人的肩上"，胡克的这段演讲为"巨人的肩"做出了精彩的注释。

13.4 圣维南(Saint-Venant，1797—1886)

圣维南的人生经历是非常特殊的，他 16 岁考入法国工业学院，表现出卓越的数学才能，成绩名列前茅。变故发生在 1814 年的法国政变[11]，3 月 30 日，当联军逼近巴黎，学院学生正在向炮台运送大炮，圣维南从同学的行列中跳出来高喊："我的良心不愿为剥削者作战……"，然后脱离了队伍。同学们认为圣维南是逃兵，并不再允许他在工业学院继续学习。之后的 8 年圣维南在火药厂当助手，1823 年政府批准他不考试进入桥梁道路学院，虽然他在该校的两年受尽歧视，但最终他以班上第一名毕业。1825—1834 年圣维南在运河上工作，并因向科学院提交的两篇著名论文而出名，由于热心于水力学及其在农业上的应用，圣维南获得了法国农业学会的金质奖章。1868 年，71 岁的圣维南被选为法国科学院的会员，到他去世为止一直是该院的力学权威，他一生重视理论研究成果应用于工程实际，认为只有理论与实际相结合才能促进理论研究和工程进步。关于圣维南的生平有如下相关评述："我们无法精确估计该变故对圣维南人生的影响，但以他的卓越才能、毅力和艰苦工作的精神，他在社会上的发展并没有如我们所猜想的那么快，甚至百科全书上都没有提及圣维南的成就。"

这段典故似乎与材料力学课程内容无关，讲述这段故事的目的在于培养学生的意志品质。近年来，在挫折面前"倒下"的学生越来越多，发生精神类疾病的现象已不是个案。帮助学生渡过心理脆弱期，直面复杂的社会环境，完成这项任务完全倚赖于较年轻的学生辅导员是不够的，任课教师的言传身教往往会获得更好的效果。圣维南这段言行的正确与否无须评价，但其在多年逆境中坚持奋斗的精神让人敬仰，他对自然科学的巨大贡献无愧于科学界给予他的评价与地位。

另外，根据笔者的教学经历，有关圣维南原理的介绍应注意以下几个小问题：

(1) 学生往往大致明白圣维南原理的含义，但绝大多数学生无法准确描述圣维南原理的内容，建议以圣维南原理的原始描述作为基准讲述该原理；

(2) 圣维南原理的效用是讲述的重点，讲述圣维南在弹性力学解析解方面所做的工作是有益的，有助于学生理解圣维南给出该原理的原因；

(3) 圣维南原理同样具有应用范围，对于薄壁构件，特别是开口薄壁扭转杆件问题，使用圣维南原理的描述需谨慎。

13.5　欧拉(Euler，1707—1783)

在材料力学课程的讲授过程中可以多次提及欧拉的贡献(相关图形见图 13.3)，包括受横向力的悬臂梁的挠度表达式、变截面梁的问题、大变形问题、压杆稳定问题中临界载荷的推导以及具有初始曲率杆的问题等。欧拉在数学与力学上的"多产"使他无愧于"伟大科学家"的称号，其生平更显"天才本色"：1720 年进入巴塞尔大学、John Bernoulli 的学生、16 岁取得硕士学位、20 岁发表第一篇科学论文、1727 年进入俄国科学院、1733 年成为俄国科学院数学部主任、1741 年进入普鲁士科学院、1759 年主持普鲁士科学院工作。他的一生对数学、刚体力学以及材料力学中的弹性线、稳定理论等都有重大贡献，先后出版了《曲线变分法》(1744)、《微积分导论》(1748)、《微分学》(1755)、《积分学》(1768)等经典著作，培养了大量优秀学生，大部分 18 世纪末、19 世纪初的著名数学家都是欧拉的学生，Condorcet 颂扬欧拉说[11]："他的成就不是完全由论文所反映的。”

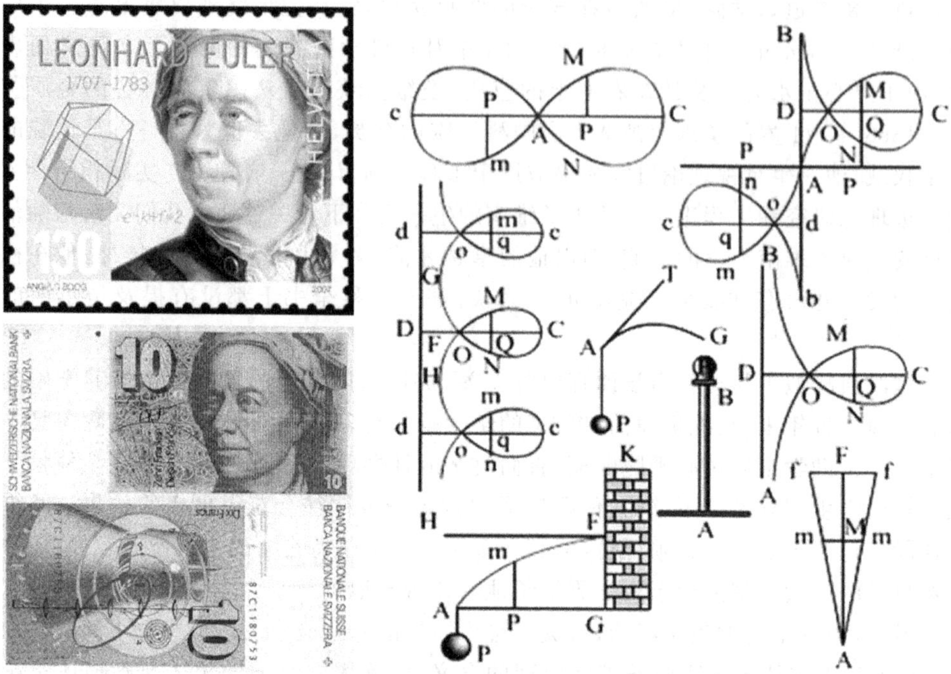

图 13.3　纪念欧拉的邮票、纸币与稳定性问题分析示意图

人们在津津乐道欧拉一生成就之时，可能很少提及这样一个事实：作为 18 世纪著述最多的科学家，欧拉 28 岁就一眼失明，晚年双目失明，但是在助手的协助下完成了 400 多篇论文，在其去世 40 年之后，俄国科学院的年刊仍在刊登欧拉的论文。这是一个非常好的素材，为“天才”与“勤奋”的关系给出了完美注解。在大学阶段，聪明反被聪明误的例子屡见不鲜。随着教育层次的提高与“天才”在工作环境中的不断聚积，勤奋与坚持的品质越来越成为一生成就的决定性因素。

另外，鉴于大多数教师均是在稳定性问题的临界载荷公式推导时提及欧拉，讲述该公式的来历与欧拉对弹性曲线研究的关系是有益的：欧拉在对梁挠曲线的研究中，考虑了载荷与梁轴夹角的极限情况，从确定挠曲线的响应问题转向了临界载荷的稳定性问题。从人们熟知、看似平常的结论向前一步，也许就有伟大发现。这种研究问题的思路与方法是值得向学生展示的。当然，有关欧拉临界载荷公式的推出与实际工程应用之间相差百多年也是很好的例证，可用于说明基础理论与工程应用的关系，验证试验中理想条件实施的困难，以及工程界如何保证计算模型的准确性等，这对于学生理解国家现阶段有关重点加强基础研究的各项政策也有帮助。

13.6　小结与建议

教书育人是教师的本职工作，全面、准确地讲解教材内容，即不遗漏、不讲错，仅仅表示教师完成了基本任务。在此基础上，笔者认为专业教师的优秀体现在以下两个方面：

（1）当讲课教师面对的听众是本专业的教师时，使听众对于熟知的讲解内容常常有“于无声处听惊雷”的感受，这体现的是讲课教师深厚的学科基础；

（2）当讲课教师面对的听众是学生时，课堂成为解决实际问题的演练场，讲解内容围绕书中知识，但绝不限于教材，这体现的是理工科教学中的哲学意境。

为了避免理工科的教学成为公式与符号的“表演专场”，利用身旁实物作为问题起源，采用人物事件作为问题分析的旁证，展示工程实例作为理论问题的工程应用，是值得推荐的教学方法。而材料力学课程涉及了许多科学家，大多具有能够“为我所用”的背景故事，以上人物仅是几个典型代表。讲述与引申他们的事迹，对增强课堂教学效果和培养学生能力与品行是有显著成效的，因为我们始终相信“事实胜于雄辩”。

本章涉及学生能力培养体系的指标点如表 13.1 所列。

表 13.1　本章学生能力培养体系指标点

能　力	对应的指标点
1. 工程推理和解决问题的能力	1.1 发现问题和系统地表述问题
2. 实验和发现知识	2.1 建立假设 2.3 实验性的探索 2.4 假设检验与答辩
4. 个人能力和态度	4.3 创造性思维 4.4 批判性思维
5. 职业能力和态度	5.1 职业道德、正直、责任感 5.2 职业行为 5.3 主动规划个人职业

参考文献

[1] 孙训方,方孝淑,关来泰. 材料力学(Ⅰ)[M]. 5版. 北京：高等教育出版社,2009.
[2] 刘鸿文. 材料力学(Ⅱ)[M]. 5版. 北京：高等教育出版社,2011.
[3] 单辉祖. 材料力学(Ⅱ)[M]. 3版. 北京：高等教育出版社,2010.
[4] 殷雅俊，范钦珊. 材料力学[M]. 3版. 北京：高等教育出版社,2014.
[5] GERE J M. Mechanics of Materials[M]. 5版. 北京：机械工业出版社,2003.
[6] HIBBELER R C. Mechanics of Materials[M]. 10th ed. New York：Pearson Education,Inc.，2017.
[7] 徐芝纶. 弹性力学[M]. 4版. 北京：高等教育出版社,2006.
[8] 梅凤翔. 工程力学[M]. 北京：高等教育出版社,2005.
[9] TIMOSHENKO S P，GOODIER J N. Theory of Elasticity[M]. 3rd ed. New York：McGraw-Hill Education，2013.
[10] YOUNG W C，BUDYNAS R G. Roark's Formulas for Strain and Stress[M]. 7th ed. New York：McGraw-Hill Companies Inc.，2002.
[11] TIMOSHENKO S P. History of Strength of Materials[M]. New York：McGraw-Hill Publishing Co.，1953.
[12] 梁思成. 营造法式注释(卷上)[M]. 北京：中国建筑工业出版社,1983.
[13] 陈明达. 营造法式大木作制度研究(上)[M]. 北京：文物出版社,1981.
[14] 陈明达. 营造法式大木作制度研究(下)[M]. 北京：文物出版社,1981.
[15] 徐怡涛. 营造法式大木作控制性尺度规律研究[J]. 故宫博物院院刊,2015(6)：36-44.
[16] 王南. 规矩方圆 天地之和——中国古代都城、建筑群与单体建筑之构图比例研究[M]. 北京：中国城市出版社,2019.
[17] 周爱萍,黄东升,车慎思,等. 竹材维管束分布及其抗拉力学性能[J]. 建筑材料学报,2012(5)：730-734.
[18] 车慎思. 毛竹细观结构与力学性能试验研究[D]. 南京：南京航空航天大学,2011.
[19] 钱伯勤. 梁弯曲剪应力的材料力学公式对哪一类截面是精确的[J]. 力学与实践,1986,8(6)：34-37.
[20] 肖芳淳. 梁内剪应力公式一种新的讲法[J]. 力学与实践,1991,13(3)：66-67.
[21] 罗开彬. 也谈矩形截面梁剪应力公式推导[J]. 力学与实践,1996,18(4)：57-58.

[22] 薛福林. 我看“矩形截面梁剪应力计算公式的严格推导”[J]. 力学与实践，1994,16(5):67-68.

[23] 蒋持平. 材料力学常见题型解析及模拟题[M]. 北京：国防工业出版社,2009.

[24] 夏平,卿上乐,贺永祥. 不同承载结构形式承载能力的比较[J]. 湖南工程学院学报,2006(3):35-37.

[25] 武际可. 鸡蛋壳的启示[EB/OL]. (2010-06-13). http://www.sciencenet.cn/m/user_content.aspx? id=335058.

[26] 单辉祖.材料力学问题、例题与分析方法[M]. 北京：高等教育出版社,2006.

[27] 殷有泉,励争,邓成光. 材料力学[M]. 修订版. 北京：北京大学出版社,2006.

[28] WEST J B. Robert Hooke: early respiratory physiologist, polymath, and mechanical genius[J]. Physiology, 2014, 29(4): 222.